●したしむ物理工学●

したしむ
物理数学

志村史夫 著
小林久理眞

朝倉書店

まえがき

本シリーズの「発刊にあたって」で，私は

> 本シリーズは，まず読者に「物理学」に親しみ，興味を持ってもらうことを目標としている．そのために，何よりもまず概要を感覚的に理解してもらうために図を多用したこと，数式の導入は感覚的理解を助けるのに有効な範囲に止めたこと，を特長にしている．……そして，将来の世界を背負うことになるのであろう若い人たちへの願いは，「自然科学」の学習を通して，懐疑する精神と，「自然」の不思議さに驚嘆する心を養って欲しいということである．大切なことは，難解な数式や複雑な事項を憶えることではなくて，自然を見つめ，科学的な精神，思考法を自分のものにすることだと思う．

と述べた．もちろん，この気持ちはいまも変わらない．

このように，本シリーズの特長の一つは「数式の導入は感覚的理解を助けるのに有効な範囲に止めたこと」なのであるが，"近代科学の祖"というべきガリレイが「自然の書物は数学の言葉によって書かれている」と述べているし，ニュートンが1686年に公刊した大著『プリンキピア』の「序文」で述べたように「近代の人びとは，実体的形相と超自然性とを排して，自然現象を数学の諸法則に従わせようと努めてきた」のである（ちなみに『プリンキピア（*Principia*）』の正式書名は『自然哲学の数学的原理』である）．つまり，数学あるいは数式が「自然」を理解する上で極めて有力な「言語」であり，「手段」であることはいうまでもない．平たくいえば，数学あるいは数式は「外国語」の一種であり，外国へ行った時，多少でも外国語を理解できた方が何かと便利であるのと同じように，多少でも数学あるいは数式という「外国語」を使えれば自然現象を整理し，理解するのに大いに役立つものである．

したがって，自然現象を扱う物理学を学習しようとする場合，基礎数学の素

養がすでに十分に身につけられていることが望ましいが，昨今の大学（あるいは高専）入学以前の教育事情を鑑みると，それを全学生に求めるのは困難である．また，物理学と数学との関連がよく理解されているわけでもないのが現実である．そこで，強く求められるのが「物理数学」なる教科書であり，事実，少なからずの入門書，教科書が公刊されている．しかし，この分野の「古典的名著」ともいうべき，マージナウ・マーフィの『物理と化学のための数学』(1943) はもとより，「入門書」と銘打ってさえも決して理解しやすいものではない「教科書」が少なくない．それらのほとんどが「数学の教科書」然としており，「物理現象の理解を助けるための数学の教科書」とは私には決して思えないのである．

外国語が好きな人も嫌いな人も，得意な人も苦手な人もいるように，数学という「外国語」が好きな人も嫌いな人も，得意な人も苦手な人もいる．数学という「外国語」が嫌いな人，苦手な人が「数学の教科書」然とした「物理数学」の教科書を手にしたならば，物理も嫌いな人，苦手な人になってしまうのではないかと恐れる．

外国へ行って困らない程度の外国語力を身につけた日本人は，いずれも相当の努力と苦労をしているはずである．彼らがそのような努力や苦労を厭わなかったのは，多分例外なく，外国語を使うことの必要性を実感し，外国語を使えることの便利さ，喜びを知ったからだろうと思う．

本書は，読者に，たとえ多少でも，数学あるいは数式という「外国語」を理解することが自然現象を整理し理解するのに大いに役立つものであることを実感してもらい，数学あるいは数式という「外国語」を使えることの便利さ，喜びを知ってもらうことを目的としている．そのために，数，数式を単に抽象的に羅列することなく，常に，具体的な物理現象と関連づけ，また図示によって視覚的に理解することを重視する．そして，数学，数式を単に受動的に学習するのではなく，能動的に使うための訓練も重視する．そのような「訓練」を苦痛に感じる読者には，とりあえず，第1章と第2章を読んでいただきたい．「物理数学」に親近感を持っていただけるであろうことは，筆者として自信がある．何事も，まずは，それに「したしむ」ことが大切である．先を急ぐことはない．

まえがき

　巷には，あたかも簡単に外国語が修得できそうに宣伝する「教材」や「会話学校」が溢れているが，よほどの大天才でないかぎり，日本人にとっての外国語が簡単に修得できるような「王道」は絶対にない．それ相当の努力，苦労は不可欠である．あくまでも「外国語」である数学，数式を学習，修得しようとする場合も本質的には同じである．本書は，決して「簡単に数学，数式が修得できるようになる教科書」ではない．そのような幻想は捨てなくてはならない．あくまでも，筆者は読者の興味を引き出し，持続させ，努力，苦労が実るようにしたいと思っているのである．そして，読者に，自然現象を整理し理解するのに「数学」が大いに役立つものであることを実感していただきたいのである．

　本書が，筆者のこのような「願い」を叶えてくれるものであるかは，読者の御判断を仰ぐほかはない．本書の読者，あるいは指導者の方々から，本書の内容，構成などに関する建設的な御意見，御批判を頂戴できれば幸甚である．

　最後に，筆者の意図を理解し，本書の出版に御協力いただいた朝倉書店企画部，編集部の各位に御礼申し上げたい．また，本書で用いた図の作成に協力してくれた静岡理工科大学志村研究室の院生・伊藤辰巳君をはじめとする諸君にも深く感謝したい．

　　　2002年師走

筆者を代表して　志村史夫

目 次

1. **序 論** ……………………………………………………………………… 1
   1.1 自然科学と数学　2
   1.2 数　14
   　1.2.1 数の歴史　14
   　1.2.2 数の種類　20
   チョット休憩●1　ピタゴラス　38
   演習問題　39

2. **座 標** ……………………………………………………………………… 41
   2.1 平面と空間の数量化　42
   　2.1.1 遠近法　42
   　2.1.2 座標の導入　44
   　2.1.3 座標変換　48
   2.2 位相空間と図形の数量化　53
   　2.2.1 位相空間　53
   　2.2.2 図形の数値化　55
   チョット休憩●2　デカルト　57
   演習問題　58

3. **関数とグラフ** …………………………………………………………… 59
   3.1 関数の導入　60
   　3.1.1 物体の運動の表現　60
   　3.1.2 関数発見の背景　63
   3.2 n 次関数　66

3.2.1　1次関数　66
　　　3.2.2　2次関数　69
　　　3.2.3　3次関数　73
　　　3.2.4　4次関数　79
　3.3　三角関数　80
　3.4　指数関数と対数関数　83
　チョット休憩●3　アーベルとガロア　87
　演習問題　89

4. 微分と積分 …………………………………………………… 91
　4.1　微分法と積分法　92
　　　4.1.1　微分法　92
　　　4.1.2　積分法　95
　4.2　微分・積分計算　99
　　　4.2.1　n次関数　99
　　　4.2.2　三角関数　105
　　　4.2.3　指数関数と対数関数　111
　　　4.2.4　テイラー展開　121
　4.3　偏微分と微分方程式　123
　　　4.3.1　偏微分　123
　　　4.3.2　微分方程式　126
　チョット休憩●4　ライプニッツとニュートン　128
　演習問題　130

5. ベクトルとベクトル解析 …………………………………… 131
　5.1　ベクトルの基礎　132
　　　5.1.1　スカラーとベクトル　132
　　　5.1.2　ベクトルの表現　134
　5.2　ベクトルの演算　136
　　　5.2.1　和と差　136

5.2.2　積　　139
　　　5.2.3　ベクトルの微分　　145
　　　5.2.4　演算子　　147
　　　5.2.5　ベクトル演算と電磁気学　　155
　　チョット休憩●5　マックスウェル　　161
　　演習問題　　162

6. 線形代数 ……………………………………………163
　　6.1　連立方程式と行列　　164
　　　6.1.1　連立方程式と解　　164
　　　6.1.2　行列　　165
　　6.2　線形代数の物理的展開　　172
　　　6.2.1　連成振り子　　172
　　　6.2.2　量子力学　　181
　　チョット休憩●6　ケイリー　　185
　　演習問題　　187

7. 確率と統計 ……………………………………………189
　　7.1　確率と統計の基礎　　190
　　　7.1.1　場合の数・順列・組み合わせ　　190
　　　7.1.2　確率と集合　　194
　　　7.1.3　確率の分布　　200
　　7.2　物理学への応用　　203
　　　7.2.1　量子論的粒子の存在状態　　203
　　　7.2.2　スターリングの方式　　208
　　　7.2.3　ガウス分布とポアッソン分布　　209
　　チョット休憩●7　パスカル　　218
　　演習問題　　219

演習問題の解答 …………………………………………………221
参考図書 …………………………………………………………226
索　引 ……………………………………………………………227

1 序論

　われわれはさまざまな事物，事象の中で，能動的・受動的な生活を送っている．日常的にはほとんど意識することがないが，そのような生活の中でわれわれは瞬間的な"判断"を繰り返しているのである．われわれ一人一人の人生は，そのような"判断"が蓄積された結果であろう．その"判断"の基準は何なのだろうか．

　それは，「尺度」と「単位」が異なる幾種類もの「物差し」だろうと思う．われわれは，意識するとしないとにかかわらず，そのような「物差し」を持っていて，それを対象に当てはめて，形や大小や色や遅速を判断しているのである．換言すれば，使う「物差し」の選択，適否が得られる情報の価値を決定し，"判断"を，そして"人生"を大きく左右することになる．

　このような「物差し」のことを考えてみると，1，2，3，…というような"数の概念"，ちょっと大袈裟にいえば"数学的な考え"の重要性に改めて気づくのである．

　本書は「物理数学」にしたしむことを目的にしているのであるが，それは，「自然の書物は数学の言葉によって書かれている」というガリレイ(1564—1642)の言葉をじっくりと味わうことでもある．本章では，まず，その下準備として，自然科学と数学との関係，"数"の世界，数式について概観する．数については，何をいまさら，という感想を持たれるかも知れないが，普段，あまりにも当り前と思っている"数"というものを，じっくり考えてみるのも面白いのではないか．特に"0(ゼロ)の発見"の話にはわくわくするはずだ．

1.1 自然科学と数学

　自然科学が対象とするのは，自然界に起こっている現象，あるいは自然の実態であり，自然科学は自然を認識する学問である．そして，自然科学の本質は，自然を対象にした知的好奇心を満足させることであり，自然科学という学問を進展させる最も基本的な駆動力はその知的好奇心であると思う．この点が，明確なる物質的な目的と損得・経済観念を持つ"技術"と大きく異なることであろう．しかし，そのような"技術"，特に"工業技術"の多くは自然科学を土台にしている．

　物理学者としても文学者としても名高い寺田寅彦(1878—1935)は，「科学者と芸術家」と題する随筆の中で「科学者の研究の目的物は自然現象であってその中になんらかの未知の事実を発見し，未発の新見解を見いだそうとするのである．(中略)また科学者がこのような新しい事実に逢着した場合に，その事実の実用的価値には全然無頓着に，その事実の奥底に徹底するまでこれを突き止めようとする…」(『寺田寅彦随筆集第一巻』岩波文庫，1947)と述べている．

　このように，"科学"と"技術"は互いに異なる次元のものであるが，それらが強い相互作用を持つことも事実である．"科学"と"技術"は相補的であり，正の相乗効果を持っているのである（志村史夫『文明と人間』丸善ブックス，1997)．

　さて，いうまでもないことだが，自然科学を進めるのは人間であるし，自然科学という学問は自然と人間とのつながりでできるものである．本書の「まえがき」で，数学("数"の学問)が「自然」を理解する上で極めて有力な「言語」である，と述べたのであるが，"数"というものが自然界に存在するわけではない．すべての言語と同様に，数学という「言語」も人間によって作(創)られたものである．だから，冒頭に掲げた「自然の書物は数学の言葉によって書かれている」というガリレイの言葉は注意して読まれなければならない．

　中谷宇吉郎の『科学の方法』(岩波新書，1958)という本は，科学に携わる，あるいは科学を勉強するすべての者にとっての必読書ともいうべき名著であるが，特に，この中の一章「科学と数学」には，自然科学と数学との関係が余すところなく書かれている．是非読まれることをおすすめしたい．

前述のように，自然科学が対象とするのは自然界に起こっている現象，自然の実態であるが，"数"および数学は人間によって創られたものである．実に興味深いことに，このような人間が頭の中で創りあげた数学と，自然現象そのものとの間に，いろいろ深いつながりがあるのだ．実は，自然界に法則というものがあるのかないのか，というのは大きな問題なのであるが，法則があると仮定して組み立てたのが自然科学であり，その"組み立て"に大きな貢献をしているのが，人間が創りあげた数学である．中谷宇吉郎の言葉を借りれば，「自然界から現在の科学に適した面を抜き出して，法則をつくっている」ということもできよう．

ともあれ，われわれが観察する物には"大きさ"と"形"とがある．これらは物を規定する上で大切な二つの要素であるが，いままでの科学が取り扱ってきたのは，いくつかの理由から，主として"大きさ（量）"であった．

有形無形を問わず，物の大きさ（量）を取り扱うには，同じ性質で一定の大きさのもの，つまり"単位"を決めて，その"単位"の"何倍"であるかを議論しなければならない．この"何倍"の「何」が"数"である．以下，自然界の"現象""法則"が数式の形で書き表わされることを具体例で調べてみよう．

■自然現象と数式

まず，われわれにとって最も身近かな自然現象の一つである物体の落下について考えてみよう．

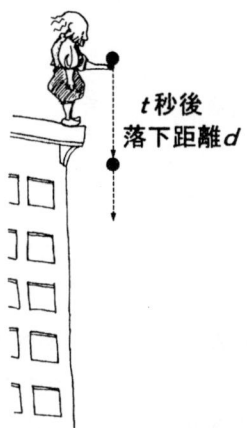

図 1.1 物体の落下

表 1.1 物体の落下時間と落下距離

時間 t [秒]	落下距離 d [メートル]
0	0
1	5
2	20
3	44
4	78
5	123
6	176
⋮	⋮

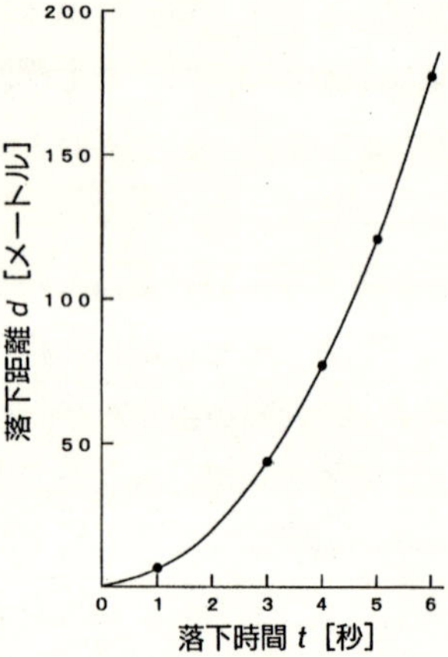

図 1.2 落下する物体の落下時間と落下距離との関係

　図 1.1 に示すように，無風状態の晴れた日に，超高層ビルの屋上から鉄製のボールを落下させてみる（物理学の用語では，このような落下を **自由落下** と呼ぶ）．そのボールの落下の様子を高速シャッターのカメラで記録し，物体の落下時間 t [秒] と落下距離 d [メートル] との関係をまとめると，その測定が正確であったとすれば，表 1.1 のような結果が得られるだろう．表 1.1 の結果をグラフにまとめると図 1.2 のようになる．

　表 1.1 を眺めているだけでは，落下の法則がなかなか思いつかないかも知れないが，図 1.2 を眺めれば，何となく"法則"が見えてくるのではないだろうか．結論をいえば，落下時間 t [秒] と落下距離 d [メートル] との間には

$$d = a \cdot t^2 \tag{1.1}$$

という数式で表わされる"法則"が存在するのである．a は定数で，ほぼ 4.9 [メートル/秒] という値を持つ．つまり，

$$d = 4.9 \times t^2 \ [\text{メートル}] \tag{1.2}$$

という自由落下の"法則"を表わす数式を用いれば，"何"秒後の落下距離でも求められることになる．

　ところで，物体の自由落下の法則を表わす式 (1.1) に含まれる項（変数）は落下時間 t と落下距離 d だけで，物体の重さ，あるいは大きさを表わす項がない．つまり，物体の重さや大きさの影響は無視してよいのだろうか．例えば，

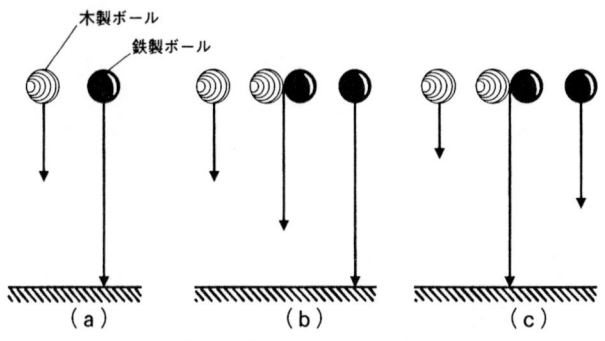
図 1.3 落下の速さに与える物体の重さの影響

図1.3(a)に示すように，同じ大きさの木製ボールと鉄製ボールを同時に落下させた時，「常識的」に考えれば，軽い木製ボールより重い鉄製ボールの方が速く落下しそうな気がする．事実，古代ギリシア時代以来，ガリレイの時代までは，そのように考えられていた．しかし，図1.3(b)，(c)に示すように，木製ボールと鉄製ボールとを強力接着剤で一体化した場合はどうなるであろうか．

鉄製ボールは速く落下しようとし，木製ボールはゆっくりと落下しようとするので，それらが一体化した物体は，(b)に示すように中間の速さで落下するであろう．しかし，また，重い物ほど速く落下するというのであれば，一体化した物体は一番重いので，(c)に示すように，最も速く落下しなければならない．まったく同じ対象について二つの異なった結論が出るのは矛盾である．

詳しくは，「力学」の教科書を参照していただきたいが，ガリレイは「真空中ではすべての物体は同じように落下する」と結論したのである．

結局，式 (1.1) で表わされる物体の自由落下の法則は，「真空中においては」という条件つきで，より整備されたものになる．

いま，自由落下の法則は"わかった"のであるが，それでは，物体はなぜ落下するのか．

いささか話が前後するが，手で持った物体を空間で放すと，その物体は落下する．また，野球の打球は，ドーム球場の天井に引っ掛かるようなことがない限り，必ず落下する．このようなことは，われわれが日常的に経験することで，異論をはさむ余地がないのだが，よく考えてみれば，不思議なことではないか．実は，このように"当り前のこと"を"不思議"と思うこと自体，大変なこと

 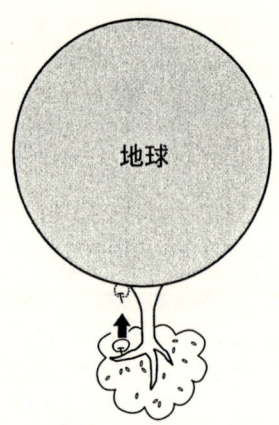

図 1.4 落下する物体に作用する下向きの力

図 1.5 万有引力による地球とりんごとの"衝突"

なのである．ニュートン (1642―1727) は，りんごが木から落ちるのを見て，**万有引力の法則**を発見した．さすがに大天才である．

　物体が落下するということは，図 1.4 に示すようにその物体に下向きの**力**が加わっているということである．

　一般に，物体に力を伝える（作用させる）には，ロープや棒などの媒介（物質）が必要である．ところが，空中を落下する物体に，そのようなロープや棒がついているわけではない．つまり，落下する物体は，上から棒で押されているわけでも，下からロープで引っ張られているわけでもないのである．

　このように，物体を落下させる力が，ニュートンが明らかにした"万有引力"と呼ばれるものであった．宇宙のすべての物体は，宇宙の他のすべての物体を引っ張っている，つまり，すべての物体は，他のすべての物体に**引力**という力を及ぼす，というのが"自然現象"である．したがって，図 1.4 に示したりんごの"落下"という現象は，より正確には，図 1.5 に示すように，万有引力による地球とりんごとの"衝突"なのである．

　宇宙のすべての物体に作用する"引力"という力は目には見えないが，それが，ある種の"力"であることは確かである．

　球形の物体に作用する力を図 1.6 に示すような架空の**力線**で表わしてみよう（後述する電気力線や磁力線と異なり，このような力線はいまだ観測されていな

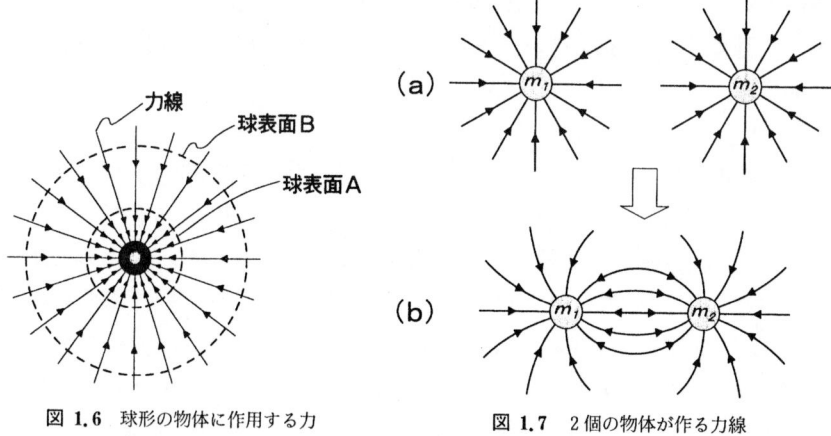

図 1.6 球形の物体に作用する力　　図 1.7 2個の物体が作る力線

いのであるが）．図1.6は球の中心を含む断面を表わしている．物体に作用する力は，球の中心に向かう直線（力線）で表わされ，力線の数（力の"大きさ"）は物体の質量に比例すると考える．図1.6に示す物体の力線が全部で N 本あったとする．球の中心から半径 r の球の表面積は $4\pi r^2$ だから，その球表面上の力線の面密度は $N/4\pi r^2$ である．つまり，力線の全量が不変であれば，力の大きさは距離の2乗に反比例することになる．図1.6に示される球表面Aと球表面Bにおける力線の面密度を比較すれば，このことを視覚的に理解できるだろう．

次に，図1.7(a)に示すような完全に独立する質量 m_1 と m_2（$m_1 > m_2$）の物体に作用する力の力線を考える．前述のように，宇宙のすべての物体が互いに引力（万有引力）を及ぼし合っているので，"完全に独立する"2物体を描く図1.7(a)は架空のものである．いま，例えば，$m_1 : m_2 = 3 : 2$ とする．力線の数は質量に比例するとして，図1.7では m_1 の物体の力線を12本，m_2 の物体の力線を8本にしてある．これらの2物体が互いに作用した場合の力線の様子は図1.7(b)のようになる．これらの物体に作用し合う力の大きさは，図1.6の説明からも明らかなように，物体間の距離 d の2乗に反比例することになる．

いま述べた"万有引力"という自然現象をまとめてみると，「すべての物体は，他のすべての物体に引力を及ぼし，その引力の大きさは，引き合う両物体の質

量の積に比例し,両物体間の距離の2乗に反比例する」ということになる.これが,**万有引力の法則**と呼ばれるものである.引力を F とすれば,万有引力の法則は

$$F = G\frac{m_1 m_2}{d^2} \tag{1.3}$$

という簡単な数式で表わされることになる.G は**万有引力定数**と呼ばれる定数で,$G = 6.67 \times 10^{-11}$ [Nm²/kg²] という値を持っている(単位については後述する).例えば,質量1kgの物体が2個,1mの距離にあるとき,それらの物体に作用する引力は,6.67×10^{-11} [N] ということになる.このように,質量によって生じる力を**重力**とも呼ぶ."重力"は狭い意味では,地球上の静止している物体が地球から受ける力のことであり,地球の万有引力が主であるが,厳密には,地球の自転に起因する向心力も加わる.向心力は赤道上で最大になるが,その場合でも,引力の1/290にすぎないので,"重力"を地球の場に限らず,一般の万有引力の意味で使ってもよいだろう.

ここでちょっと寄り道をして,式 (1.3) の意味について考えてみよう.

式 (1.3) の左辺の F は"力"である."力"にも機械的な力のほかに精神力や気力や眼力などさまざまな種類のものがあるが,式 (1.3) の左辺の F は後述するような「静止している物体に運動を起こし,また,動いている物体の速度を変えようとする作用」を持つ物理的な(機械的な)力である.式 (1.3) の右辺は質量および距離という"量"である.このような"量"そのものには,物体を動かすような能力,つまり"力"はない.ところが,式 (1.3) はそのような"力"と"量"とが「互いに等しい(=)」といっているのである.よく考えてみれば,これはいささか奇妙なことである.

しかし,式 (1.3) が意味することは,次のようなことなのである.

質量を持った物体同士の間には,引力という機械的な力が働く.そして,その力を,われわれが知っている単位で測定すると,ある数値が得られる.F が示すのは,その数値である.質量の異なる物体や,物体間の異なる距離について,その時の F を測定してみると,式 (1.3) のような関係が得られるのである.つまり,式 (1.3) は,「"力"が"量"に等しい」ということを直接的にいっているわけではないのである.

例えば,みかん4個を100円で買った場合,「みかん4個=100円」という「等

式」が成り立つようなものである．しかし，論理的にいえば，「4個のみかん」という物体が「100円」という金額（あるいは貨幣）と等しいはずがない．

純粋な数学の場合とは異なり，物理学における「等式」あるいは「関係式」とは，このようなものであると理解していただきたい．

閑話休題．

万有引力が作用するのは空間であり，物質的な媒質ではない．何か，ある物理量によって変化が生じるような空間を"場"と呼ぶ．いま上に述べた重力が作用する"場"は，**重力場**と呼ばれる．

物理学の特徴の一つは，"物質"だけを問題にするのではなく，このような"場"と呼ばれる空間をも問題にすることである．物理学は"目に見えない"空間の性質やからくりをも対象とするのである．そこに，物理学の面白さと難しさがあるように思われる．このような"場"を考える時に，大きな役割を果たすのが数学でもある．

さて，ここでもう一度，図1.4，1.5を眺めながら万有引力の法則を考えてみよう．

地球とりんごの質量をそれぞれ M，m とし，地球とりんごとの距離を d（それぞれを"質点"と考えれば，d は両者の中心点間の距離になる）とすれば，地球とりんごに作用する引力 F は

$$F = G\frac{Mm}{d^2} \tag{1.4}$$

で与えられる．ここで忘れてはならないのは，この F は，地球とりんごの両者に共通に作用する力である．つまり，この力 F で地球がりんごを引っ張っているのと同時にりんごも地球を引っ張っているのである．地球とりんごの質量を比べれば，圧倒的に $M \gg m$ だから，軽いりんごがさっと引っ張られて（動いて）地球上に"落下"したということなのである．

ところで，式(1.3)を知った上で，式(1.1)，図1.3を見直すと，一瞬，疑問が生じるのではないだろうか．

物体を自由落下させる力は重力（万有引力）であり，その大きさは式(1.3)に示されるように，物体の質量（の積）に比例する．つまり，図1.8に模式的に示すように，重い物体（m_1）の方が軽い物体（m_2）よりも大きな力で地球に

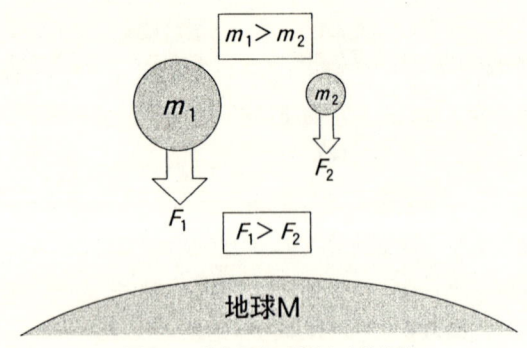

図 1.8　引力(F)の質量(m)依存性

引っ張られるのである．2倍の重さの物体は2倍の大きさの重力を受けているはずである．だとすれば，図1.3(a)に示すように，重い物体の方が速く落下するのではないだろうか．

われわれは，日常的経験から，

$$移動距離(d) = 移動速度(v) \times 移動時間(t) \tag{1.5}$$

であることを知っている（物理学的定義では後述するように，**速度**と**速さ**とは同じではないが，ここでは便宜上"速度"という言葉を用いることにする）．表1.1に示した落下時間と落下距離との関係から落下時間と落下速度（時間 t 秒後の速度）との関係をグラフで表わしてみると図1.9の実線のようになる．速度が落下時間に対し直線的に増大していることがわかる．一方，例えば，直線道路を時速36キロメートル（秒速10メートル）の同じ速度で走っている自動車の時間-速度の関係は，図中，破線で示すようになる．つまり，速度は時間に無関係に一定である．このような運動を**等速度運動**と呼ぶ．

式 (1.5) を書き改めると

$$速度 = \frac{距離の変化}{時間} \tag{1.6}$$

となる．つまり，図1.9の破線で表わされるような等速度運動の場合は，ある一定時間内の距離の変化量が一定である，ということである．それに対し，自由落下運動の場合は，時間ごとに速度が変化しているのである．時間に対する速度変化の割合を**加速度**と定義すると

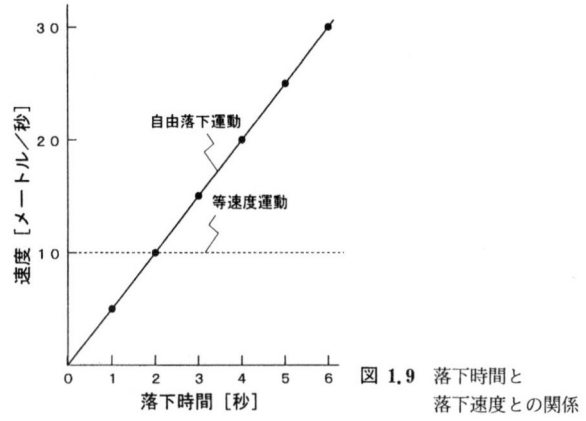

図1.9 落下時間と落下速度との関係

$$加速度 = \frac{速度}{時間} \tag{1.7}$$

となり,

$$速度 = 加速度 \times 時間 \tag{1.8}$$

である.加速度を α で表わせば,図1.9に示される自由落下運動において,落下から t 秒後の落下速度 v は

$$v = \alpha t \tag{1.9}$$

で与えられる.したがって,この t 秒間の平均落下速度 $\bar{v}$ は

$$\bar{v} = \frac{0 + \alpha t}{2} = \frac{1}{2}\alpha t \tag{1.10}$$

となる.

　さて,ここで,日常生活の中でわれわれが物体の運動の速度を増す,つまり加速する(加速度を与える)場合のことを考えていただきたい.自動車を運転している時はアクセルを踏む.自転車に乗っている時ならば,一層強い力でペダルを踏むだろう.つまり,加速度は力を加えることによって得られるのである.また,たとえ同じ力を加えても,物体の重さ(質量)によって,加速のされ方は異なる.われわれは,日常的経験から「物体の加速度は,その物体に加えられる力の大きさに比例し,物体の質量に反比例する」という"自然現象"

を知っている．

いままでに用いた文字を使って，これを数式で表わせば

$$\alpha \propto \frac{F}{m} \tag{1.11}$$

となり，F，α，m に適当な単位を当てはめると，この比例式は

$$\alpha = \frac{F}{m} \tag{1.12}$$

という等式になるのである．

だいぶ回り道をしたようであるが，ここで当初の疑問「重い物体の方が速く落下するのではないだろうか」に立ち戻ろう．この疑問をいい換えれば「重い物体の方が落下速度が大きい，つまり加速度が大きいのではないだろうか」ということである．

式(1.9)で $v = \alpha t$ と表わされるから，もし，α が重い物体ほど大きくなるのであれば，上の疑問の答は「その通り！」ということになる．しかし，式(1.12)に示されるように，加速度 α は重量 m に反比例するのである．このままでは，重い物体ほど落下速度が小さくなってしまうが，前述のように，物体に作用する力（万有引力）は質量に比例するので，その比例定数を g とすれば

$$\alpha = \frac{F}{m} = \frac{gm}{m} = g \tag{1.13}$$

つまり，落下の加速度は一定値 g となり，ここで「物体の落下速度は物体の質量に依存しない」という"自然現象"を知ることになる．

なお，式(1.5)，(1.10)，(1.13)から，自由落下運動における落下距離 d と落下時間 t との関係は

$$d = \frac{1}{2} g t^2 \tag{1.14}$$

で与えられる．式(1.1)と(1.4)との比較から，実は，a は $\frac{1}{2} g$ という値を持つ定数であったことがわかる．

また，t 秒後の落下速度 v は

$$v = gt \tag{1.15}$$

で与えられることになる．この定数 g は**重力の加速度**と呼ばれ，その値は地球

上の場所によって多少異なるが，平均的には $9.8\,[\mathrm{m/s^2}]$ という値である．

■科学，技術，工学と数学

すでに述べたように，"科学 (science)" と "技術 (technology)" は互いに本質的に異なるものであるが，近年，それらが互いに強い相乗効果を持ち，それぞれがそれぞれの発展に大きく寄与している．まさに，科学と技術は "車の両輪" である．

この科学と技術と似た言葉に "工学" がある．周知のように，工学は "engineering" の訳語であり，国語辞典には「基礎科学を工業生産に応用して生産力を向上させるための応用的科学技術の総称．古くは専ら兵器の製作および取扱いの方法を指す意味に用いたが，のち土木工学を，さらに現在では物質・エネルギー・情報などにかかわる広い範囲を含む．」（『広辞苑』）と書かれている．これだと，"技術" と "工学" との違いが，あまりはっきりしないのであるが（事実，日本では，両者が同義語に扱われることが多い），"engineering" には「問題を巧みに処理すること」という意味も含まれている．つまり，工学が科学と技術を使って "問題を処理する" のである．問題を処理するためには，段取り，設計が重要であり，その時，数学が具体的な形で大いに貢献することは明らかであろう．

さて，ここで，前掲の中谷宇吉郎の次の言葉を読んでみよう．

> ところで数学は，一番はじめにいったように，人間の頭の中で作られたものである．それでいくら高度の数学を使っても，人間が全然知らなかったことは，数学からは出てこない．しかし人間が作ったとはいっても，これは個人が作ったものではない．いわば人類の頭脳が作ったものである．それで基本的な自然現象の知識を，数学に翻訳すると，あとは数学という人類の頭脳を使って，この知識を整理したり，発展させたりすることができる．従って個人の頭脳ではとうてい到達し得られないところまで，人間の思考を導いていってくれる．そこにほんとうの意味での数学の大切さがある．
>
> 現在の科学では，数学を離れては，第一に物理学も化学も成り立たない．数学などはあまり用いていないように見える他の科学の部門においても，物理学や化学は使っているので，間接には深いつながりをもっているわけである．数学というものは，以上述べたように，個人の思考の及ばないところに使っていくときに，非常な力を発揮するものなのである．下手をすると，数

学が論文の飾りに使われる場合もあるが，そういう場合には，数学があまり意味をなしていないことは，いうまでもない．

(『科学の方法』岩波新書，1958)

本書の読者には，中谷宇吉郎がいうところの「ほんとうの意味での数学の大切さ」を理解していただきたい．数学は，決して"飾り"ではないのである．また，"大切な数学"と"飾りの数学"とを区別できる力をつけていただきたいと思う．

本項の最後を，現代物理学の創始者の一人，ハイゼンベルク（1901—1976）の次の言葉で締めくくりたい．近年における自然科学 (natural science)，応用科学 (technical science)，技術，工学，そして数学との関係を誠に的確にとらえた言葉に思われる．

> 自然科学と応用科学・工学との関連は，初めから相互補助的なものであった．応用科学・工学の進歩，道具の改良，新しい装置の発明は，自然に関するより多くの，より正確な，実験に基づく知識の基礎を提供した．また，自然のより深い理解と，自然法則の究極的な数式化は，応用科学・工学の新しい応用への道を切り開いた．
> (W. Heisenberg "*Physics and Philosophy*" Harper & Brothers, 1958, 志村訳)

1.2 数

1.2.1 数の歴史

■バビロニアとエジプト

近年，日本の各地で縄文時代の大規模遺跡が発見され，世界の文明史に関わる通説に異論が唱えられる可能性もあるが，一般的には，人類最古の文明は，チグリス・ユーフラテス両川の流域のメソポタミア（バビロニア）とナイル川流域のエジプトで発祥したとされている．数学は文明の重要な要素の一つであったらしく，数学の歴史も同じくメソポタミアとエジプトに端を発する．古代数学も数学の歴史も大変面白いのであるが，残念ながら紙幅の関係で深入りできない．興味のある読者は巻末に掲げた参考図書 1), 2), 6), 8), 11) などを読んでいただきたい．

1.2 数

ここでは，数学の第一歩である"数"の歴史について概観することにする．本書が述べようとする「物理数学」とは直接的な関係はないのであるが，事物や現象を記述する上での"数"の有用性を理解してもらえれば幸いである．

われわれ自身の幼時体験から考えてみても，人類は（そして，多分，他の動物も）誕生の頃から「ひとつ，ふたつ，みっつ…」と数えることを知っていたのではないかと思われる．数える"道具"としては，極自然に，最も身近な左右の手の指が使われたであろう．

しかし，数えた結果を表現する記号である"数"が発明され，"数の概念"に達するまでには人類の誕生から数百万年という長い年月を要した．

紀元前約5000年，メソポタミア南部のバビロニアに文明を興したシュメール人は早くから文字と数記号を持っていたと考えられる．木や石に乏しかったメソポタミアでは，川が運んで来た多量の粘土を使って記録用の粘土板を作った．粘土板が軟かいうちに葦の茎を尖らせた尖筆で記したので，いわゆる楔形文字が今日に伝えられているのである．発掘された粘土板が考古学者によって解読され始めたのは19世紀になってからである．

当然数字も楔形であり，▼と▶と◀の3種の基本楔形で表わされ，10進法と60進法が混用されている．粘土板の数学文書もいくつか発見されており，紀元前19〜16世紀頃の古バビロニア時代のものには事務計算や土木計算が，紀元前6世紀頃の新バビロニア時代のものには天文計算が記されているといわれる．

バビロニアの数学とほぼ同じ頃の起源を持つエジプトの数学に使われた数記号は，他の文字と同様に，図1.10に示すような"象形文字"である．10の位に対してそれぞれ異なった記号を配しており，基本的には10進法である．科学的に興味深いことが記されたパピルス紙が15点ほど発見されており，それらの中で最古のものと考えられているのは，ヒクソス王朝時代の紀元前17世紀に書かれた"リンド・パピルス"と呼ばれるものである．ここには，長方形，円，三角形，台形の面積の計算法が記されている．

なお，"リンド・パピルス"の名前は，イギリスの豪商A.H.リンドが1858年にエジプトで買い取り，後に大英博物館の所有になったことに由来する．それがアイゼンロールによって解読されたのは1877年のことである．

数	エジプト象形文字	
1		棒
10		籠の取っ手
100(10^2)		巻いたロープ
1,000(10^3)		蓮の花
10,000(10^4)		食指
100,000(10^5)		オタマジャクシ
1,000,000(10^6)		神

図 1.10　エジプトの数記号（象形文字）

■ギリシア

　バビロニア，エジプトの数学は，いわば実用的なものであり，実生活に密接する個別的，経験的知識であったが，これを統一的な理論的体系に築きあげたのが古代ギリシア人だった．ここに，科学としての純粋数学が誕生したのである．したがって，前者を数学と区別し，"算術"と呼ぶことも可能かも知れない．

　ここでギリシアの数学について深入りする余裕はないが，"自然科学と数"の観点から，ピタゴラス（前570年頃—前500年頃）について述べておきたい．

　ピタゴラス（古典ギリシア語では"ピュータゴラース"の発音に近いそうであるが，ここでは慣例に従って"ピタゴラス"と記す）は「ピタゴラスの定理」などで"数学者"として有名なのであるが，実は，彼の数学上の業績はいずれも紀元前5～4世紀のピタゴラス学派の人たちによるものなのである．ピタゴラスは紀元前6世紀後半，哲学・数学・音楽・天文学の"殿堂"を設立したが，これは秘密主義の宗教的結社のようなものだった．そして，ピタゴラスは，その"開祖"として神格化され，紀元前4世紀にはすでに神秘的な存在になっていた．

　ともあれ，ピタゴラス学派の教義は「宇宙には美しい数の調和がある」というものだった．ピタゴラス学派に属したピロラオス（前390年頃没）は「認識されるものはすべて数を持つ，というのは数なくしては何ひとつ思惟されることも認識されることもできないからである」「数は世界の諸事物が永遠に存続しつづけるためのもっとも強力で自生的な紐帯である」といっている（内山勝利編『ソクラテス以前哲学者断片集 第III分冊』岩波書店，1997）．

　ところで，「数学（mathematics）」は，もともとギリシア語の"mathēma（学

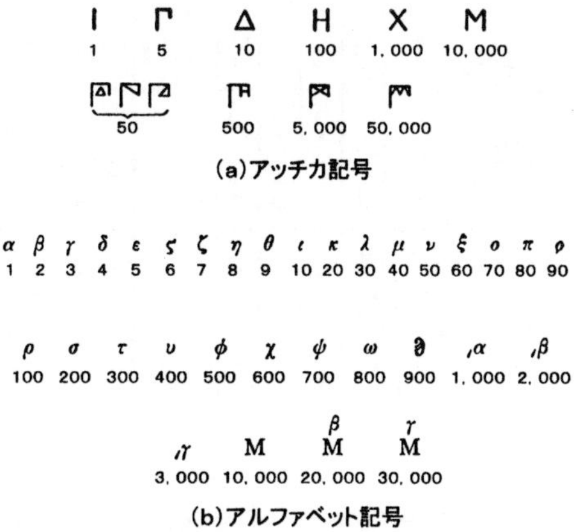

```
I  Γ  Δ  H  X   M
1  5  10 100 1,000 10,000

⌐Π⌐ ⌐Π⌐  Γ^H  Γ^X  Γ^M
   50    500  5,000 50,000
```
(a) アッチカ記号

```
α β γ δ ε ϛ ζ η θ ι κ λ μ ν ξ ο π ρ
1 2 3 4 5 6 7 8 9 10 20 30 40 50 60 70 80 90

ρ σ τ υ φ χ ψ ω ϡ ,α ,β
100 200 300 400 500 600 700 800 900 1,000 2,000

         β  γ
,γ  M    M  M
3,000 10,000 20,000 30,000
```
(b) アルファベット記号

図 1.11 古代ギリシアの数字

ばれるもの)"を語源とする"mathēmatikē(学問の技術)"であり,これを今日の数学の意味で初めて用いたのはピタゴラス学派なのである.

数学の統一的理論体系を築きあげた古代ギリシア人であったが,彼らが用いた"数字"は,決してバビロニア,エジプトの"数字"に優るものではなかった.

ギリシアは古代において2種の記数法を使っていた.

一つは,図1.11(a)に示すような,1を表わすIを除いてはギリシア数詞の頭文字からとったもので,紀元前7世紀頃からアテネを中心とするアッチカ地方で用いられた"アッチカ記号"と呼ばれるものである.例えばΓはΠΕΝΤΕ(5)の頭文字Πの古い形であり,XはΧΙΛΙΟΙ(1000)の頭文字である.また,紀元前5世紀頃からは,(b)に示すように,ギリシア語のアルファベットをもって順次,数を表わす"アルファベット記号"が用いられた.

いずれにせよ,大きな数の表示は極めて複雑になり,計算などの作業には極めて不便なものであることが容易に理解できるだろう.ギリシアにおいて,幾何学に比べ,代数学があまり発達しなかった一因は,このような記数法にあるのではないだろうか.

■インド記数法

いままで,バビロニア,エジプト,ギリシアで使われた古代の数字を見てきたのであるが,そろそろ,われわれが現在使用している1234567890という**算用**

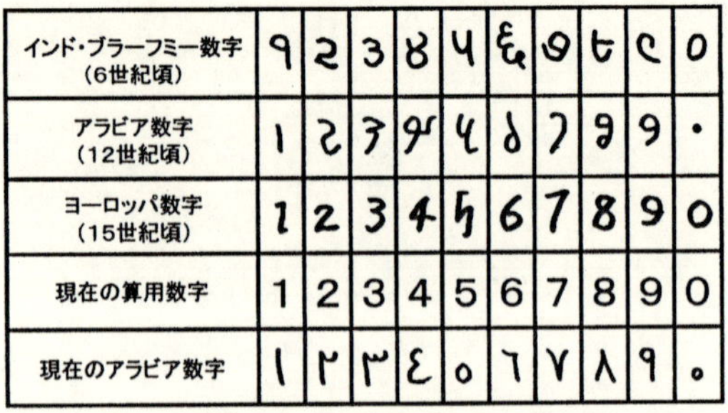

インド・ブラーフミー数字 (6世紀頃)	९	੨	३	੪	५	६	೨	૮	९	০
アラビア数字 (12世紀頃)	1	२	३	४	५	६	୨	९	९	.
ヨーロッパ数字 (15世紀頃)	1	2	3	4	5	6	7	8	9	0
現在の算用数字	1	2	3	4	5	6	7	8	9	0
現在のアラビア数字	١	٢	٣	٤	٥	٦	٧	٨	٩	٠

図 1.12　算用数字の変遷

数字に話を進めよう．

　この算用数字は一般に**アラビア数字**と呼ばれるので，起源がアラビアにあると思われがちである．しかし，事実は少し異なり，起源はインドのブラーフミー数字であり，それがアラビアを経て中世ヨーロッパに拡がり今日の形に定着したのである．したがって，本来，インド-アラビア数字と書かれるべきであるが，以下，混乱を避けるために算用数字という言葉を使うことにする．

　インドで数字の使用が確認されるのは，紀元前3世紀のアショーカ王碑文においてである．図1.12に示すような，現代の算用数字の起源となるブラーフミー数字が確認される最古のものはサンケーダで発見された銅板の銘文で，そこに記載される年号から6世紀末期のものと考えられる．インドの数字は，もともと，古代インド語（ブラーフミー，カローシュティー）の数詞のはじめにある字母を省略して作ったもので，それが8世紀末にアラビアに伝わり，ヨーロッパ諸国を経て今日の算用数字に至っているのである．ちなみに，わが国で算用数字が一般に使われるようになったのは明治時代に入ってからである．

　インド記数法が画期的なことは，ゼロ（0）の導入によって，それが「位取り」による記数法になっていることである．つまり，1から9，そして0の10個の数字を用いるだけで，あらゆる数を自由に書き表わし得るのである．インド記数法の簡便さを図1.10や1.11と図1.12とを見比べて実感していただきたい．

　例えば"三十二"と"三百二十"と"三百二"を32，320，302と書いて区別するためには，どうしても"空位"を表わす"0"が必要である．つまり，空位を表わす記号なしには位取り記数法は成り立たないのである．この"空位(ゼ

ロ)"の導入こそインド記数法の真髄であり，インド記数法こそ唯一の「計算数字」であり，また唯一のすぐれた「記録数字」でもあるのである（吉田洋一『零の発見』岩波新書，1939).

　記数法における"空位（ゼロ)"の発見は単に数字としての一記号の発明にとどまらず，何もない"ゼロ"という数の認識，ひいては"ゼロ（0)"という「数」を用いて行なう計算法の発明をも導いている．前項で述べたことからも明らかなように，今日の科学，技術，そして工学の発展は"数""数学"なくしてはあり得ない．そういう意味で，インド記数法なくして今日の科学・技術文明はあり得なかった，といっても決して過言ではないだろう．

　"ゼロの発見"が古代バビロニア，エジプトあるいはギリシア人ではなくして，なぜインド人によってなされたのだろうか．

　それは，インド哲学に脈々と流れている「空(くう)の思想」「空の論理」と無関係には思えないが，ここではこれ以上の深入りは避けよう．ただひたすら，インド人の天才に感激しておきたいと思う．

　これで，数および数学の歴史の概観を終えるが，わが国の歴史的な数学（算術）および江戸時代の日本人の"数学観"を知る上で誠に興味深い，およそ400年前の江戸時代に書かれた吉田光由『塵劫記(じんごうき)』を紹介しておきたい．大矢真一校注『塵劫記』（岩波文庫，1977）や佐藤健一『江戸のミリオンセラー「塵劫記」の魅力』（研成社，2000）などで，その内容を知ることができる．

■ 10進法

　以下，余談である．

　本節の冒頭で述べたように，われわれは数を数える時，ふつう1，2，3，…と数えていき，10で桁上げをする．これは**10進法**と呼ばれる数え方である．この10進法は，古代より諸民族で用いられ，特にインド，アラビアで発達したものであるが，起源は明らかに，われわれの手と足の指の数がそれぞれ10本であることに深く関わっている．指を使って数を数え，その数が10になると一杯になり，桁上げの必要が生じたのである．これと同じ考え方によれば，イカも10進法でよいがタコには8進法が便利ということになる．

　周知のように，コンピュータによる情報処理は「ON」および「OFF」の組み合わせで行われるので，計算には0と1で成り立っている**2進法**が使われてい

る．2進法では2より大きな数字になると桁上げされるので，10進法の数字と比べると表記が長くなって厄介に思えるが，表記法自体，また計算過程は極めて単純明快である．

10進法，2進法のほかに，われわれにとって身近なのは，60秒は1分，60分は1時間という**60進法**と，12個が1ダース，12ダースが1グロス，あるいは12インチが1フィートという**12進法**である．このような60進法や12進法の歴史的あるいは文化的背景を調べてみると面白い．当然のことながら，いずれにも，なるほどと思われる理由があるものである．例えば，12進法は太陽や月の運行，つまり暦と密接な関係がある．誠に興味深いことに，最近の研究によれば，日本の縄文時代には12進法が使われていたらしい（伊達宗行『「数」の日本史』日本経済新聞社，2002）．また，英語の数詞において one (1) から twelve (12) までは個別の表現があることにも12進法の影を見ることができるだろう．

1.2.2 数の種類

古代ギリシアのピタゴラス派は「宇宙には美しい数の調和がある」「認識されるものはすべて数を持つ」といった．事実，自然界のさまざまな法則が，数を用いた数式で表わされる．いまさら…と思われるかも知れないが，いまわれわれはどのような数を知っているのか，それらは何を，どのように表現するのか，を復習しておくことも無意味ではないだろう．まずはじめに，図 1.13 に数の種類をまとめておこう．

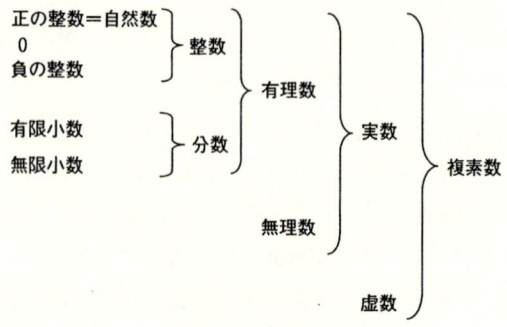

図 1.13 数の種類

■**整数**

　数というものは，ものを数える必要性から生まれたものである．幼時（あるいは，いまも），指を折りながら「ひとつ，ふたつ，みっつ，…」とものを数えたように(余談ながら，ものを数える時の指の使い方は国によって異なる)，基本的なのは1，2，3，…という数である．このように，1から始まり，次々に1を加えて得られる数を総称して**自然数**と呼ぶ．一般に，自然数は

$$1, 2, 3, \cdots, n, \cdots$$

というように表わされる．自然数 n は，1に次々に1を加えて得られる数であるから，いくらでも大きな数になり得る．

　前項で述べたように，インド人の天才によって，「何もない」"ゼロ（0）"という数が導入されたのであるが，1という自然数は「0より1だけ大きい数」であり，2という自然数は「0より2だけ大きい数」ということができる．

　それでは，ゼロ（0）より小さな数はどうすればよいのか．

　もちろん，物体を「1個，2個，…」と数える場合には"0より小さな数"は不要である．しかし，いうまでもないことであるが，数は，具体的なものの数量を測る時しか使われない，というものではない．例えば，水の氷点を0℃，沸点を100℃に定めた"温度"の場合，氷点（0℃）より低い温度は実際に存在する．このような場合に導入されるのが，図1.14(a)に示すような，負（マイナス）の数字であり，"−"という記号を用いる．0℃より1℃低い温度が−1℃，10℃低い温度が−10℃という具合である．このように，自然数に"マイナス（−）"

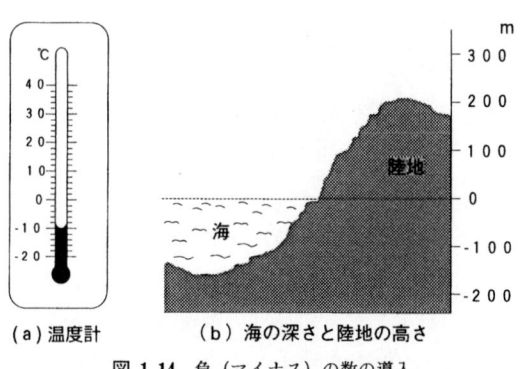

　　(a) 温度計　　　(b) 海の深さと陸地の高さ

図 **1.14**　負（マイナス）の数の導入

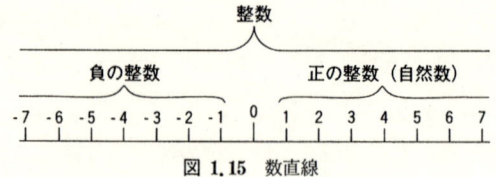

図 1.15 数直線

をつけた数を**負の整数**あるいは**マイナスの整数**と呼ぶ．これに対し，自然数は**正の整数**あるいは**プラスの整数**とも呼ばれる．

　負の数の導入は，ある規準点をゼロ（0）にして，その点からの"大・小"を論じる時にも便利である．

　例えば，図 1.14(b)に示すように，陸地の高さは，世界中でほぼ一定の海面の高さをゼロ（0）にしなければ表わしようがないだろう．また，海面をゼロにすれば，海底の深さを負の数で表わすのが便利である．

　いま，図 1.15 のように，1本の直線を引いて，その上の1点を"ゼロ（0）"として，そこから左右に一定の間隔で印をつけ，0 から右の方へ 1, 2, 3, …，左の方へ-1, -2, -3, …とすれば，整数の全体（0 も整数に含められる）が 1 直線上に順序よく定められる（このような直線を**数直線**と呼ぶ）．

　このような"負（-）"の概念は，整数のみに導入されるばかりではなく，図 1.13 に示されるすべての数に導入されるのである．われわれは，日常的にも，自然科学のみならずあらゆる分野の事象を学ぶ上でも，この"負の数""負の概念"には計り知れない"恩恵"を受けている．"負の概念"は，"ゼロ（0）"の存在なくしてはあり得ないことを思えば，改めて"ゼロ（0）の発見"の偉大さが理解できるだろう．

■物理学的な"マイナス（-）"の意味

　いま述べたように，"負の数"の導入の恩恵は計り知れないのであるが，物理学において"マイナス（-）"の概念は"数"の場合のみならず極めて重要な意味を持つ．具体例で見てみよう．

　電気（電荷）を持った物体（帯電体）が2個あった場合，その帯電体間にある種の力（電気力）が働くことをわれわれは知っている．その力は，物体が持っている電荷量の積に比例して，物体間の距離の2乗に反比例するのである．これは，電気の最も基本的な法則であり，**クーロンの法則**と呼ばれるものであ

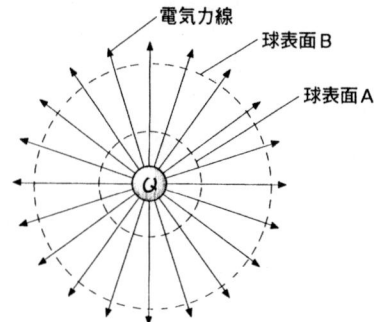

図 1.16 電荷 Q の電気力線

る．物体の電荷量を Q_1, Q_2, 2物体間の距離を d とすれば，2物体間に働く電気力 F は，定数を k として

$$F = k\frac{Q_1 Q_2}{d^2} \tag{1.16}$$

で与えられるのである．

式 (1.16) は，図1.6に示した力線の場合と同様に，図1.16に示す電気力線を考えれば導くことができるが，その過程の説明は省略する．

ここで，万有引力の法則を表わす

$$F = G\frac{m_1 m_2}{d^2} \tag{1.3}$$

を思い出せば，クーロンの法則が万有引力の法則と全く同じ形の数式で表わされていることに気づくだろう．

ところがわれわれは，電荷には"性質"が異なる2種類のものがあり，図1.17に示すように，同種の電荷には互いに反発する**斥力**が働き，異種の電荷には互いに引き合う**引力**が働く，という"自然現象"があることも知っている．数式の形は同じであっても，これが，電気力と引力のみの万有引力との大きな違いである．

そこで，この2種類の電荷を**正・負の電荷**ということにして，それぞれの基本単位を $+q$, $-q$ で表わし，図1.18（球状空間の断面）に示すように，$+q$ と $-q$ はそれぞれ逆向きの電気力線を持つということにするのである．

そして，図1.17に示した斥力，引力という現象を図1.19に示すような電気力線で説明するのである．はっきりさせておきたいが，図1.17は自然現象を示

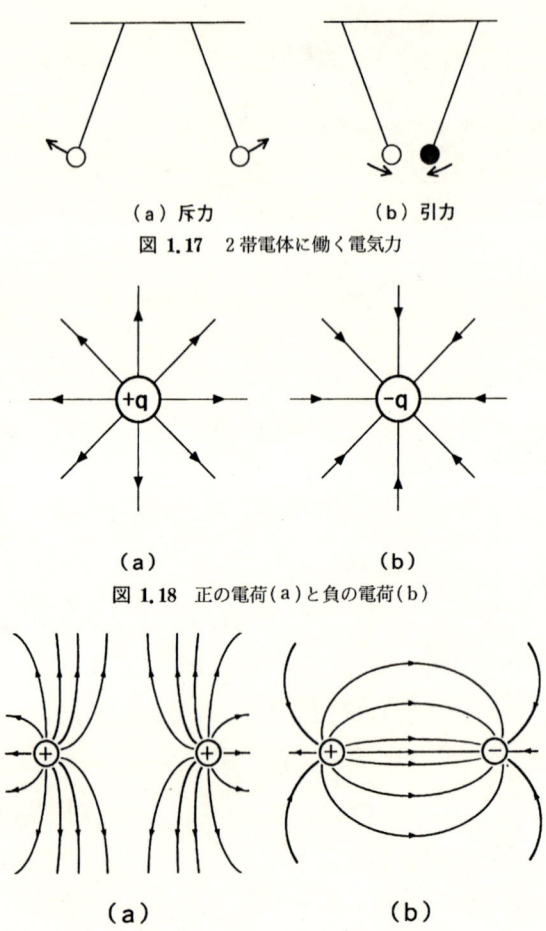

(a) 斥力　　　　　(b) 引力
図 1.17　2帯電体に働く電気力

(a)　　　　　　　(b)
図 1.18　正の電荷(a)と負の電荷(b)

(a)　　　　　　　(b)
図 1.19　2個の電荷に生じる電気力線．(a)同種電荷，(b)異種電荷

すものであり，図1.18，1.19は，そのような自然現象を説明するために人間が創った科学的内容を表わすものである．

　ここで，もう一つ注意が必要である．

　図1.15で説明した数の場合の正（プラス）あるいは負（マイナス）というのは，0より大きいあるいは小さいということを意味する．また，数量におけるプラスは"余っている"を，マイナスは"足りない"を意味する．ところが，上述の電荷や力学で使われるプラス（+），マイナス（-）は，そのような意味

ではなくて，同一の次元で，反対の性質を持っている，という意味である．そして，これは，あくまでも，人間が便宜上，勝手に決めたものである．

そこで，図1.17(a)の場合を式(1.16)に当てはめれば$+F$が得られ，(b)の場合は$-F$が得られることになるが，$+F$と$-F$は，それぞれ「大きさが同じ」であり「性質が逆」を意味することになる．

■**分数と小数**

図1.20に示すように，日常的な経験から考えても，1個のものを何個かに等分割することから，**分数**という数の誕生は容易に想像できる．図1.21に示すように，図1.15に示した数直線の単位目盛の1を細分割し，m等分（mは自然数）すれば，より小さな単位目盛$1/m$が得られる．

話が前後したが

$$\frac{1}{m}, \frac{2}{m}, \frac{3}{m}, \ldots, \frac{n}{m}, \ldots$$

のようにn/m（n, mは自然数）で表わされる数を分数と呼び，mを**分母**，nを**分子**という．図1.21からも明らかなように，分数にも正・負の値がある．また，自然数は分母が1（$m=1$）である特殊な分数（$n/1$）と考えることもできる．

次に，**小数**について述べる．

われわれが日常的に用いる**10進法**では，次第に大きくなる自然数を

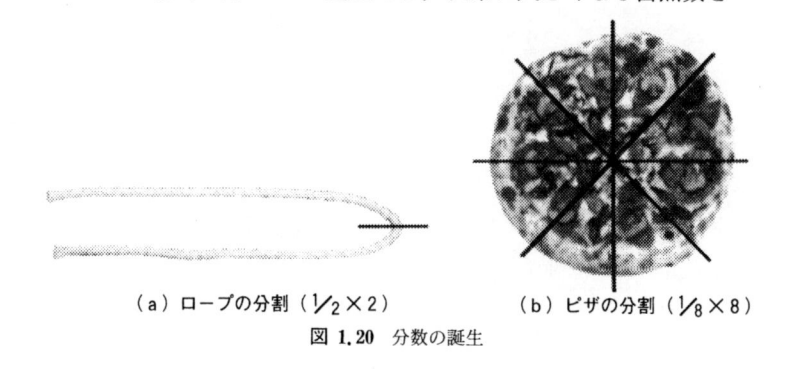

(a) ロープの分割（$1/2 \times 2$）　　(b) ピザの分割（$1/8 \times 8$）

図1.20　分数の誕生

図1.21　数直線の分割（分数の導入）

$$1, \ 10, \ 100(=10^2), \ 1000(=10^3), \ 10000(=10^4), \ \cdots$$

というように，10を基本とする節目で切ってまとめていく．

同様の考えを次第に小さくなる方に適用すれば

$$\frac{1}{10}, \ \frac{1}{100}\left(=\frac{1}{10^2}\right), \ \frac{1}{1000}\left(=\frac{1}{10^3}\right), \ \frac{1}{10000}\left(=\frac{1}{10^4}\right), \ \cdots$$

という節目が得られる．このことを，図1.15に示した数直線にならって表わせば図1.22のようになるだろう．周知のように，図1.22に見られる0.1や0.05を**小数**，1の桁の右側にある"."を**小数点**と呼ぶのであるが，改めて小数を数学用語で定義すれば「絶対値が1より小さく，0でない**実数**（後述）を位取り記数法で表わした数」ということになる．例えば，1.23のように整数の部分が0でない場合は特に**帯小数**と呼ぶ．

分数と小数の導入によって，自然数の世界からさらに微小なところまで考えられるように数の概念の拡張がなされた．分数は線分割，小数は10進法の概念を土台にして導入されたのであるが，それらがどのように関係しているのかについて考えてみよう．

まず，小数は，図1.22に示すような目盛，つまり$1/10, \ 1/10^2, \ 1/10^3, \ \cdots$, $1/10^n, \cdots$という分数を目盛としているから，どのような小数でも分数で表わすことができる．例えば，0.329は

$$0 + \frac{3}{10} + \frac{2}{10^2} + \frac{9}{10^3} = \frac{329}{1000}$$

であり，1.329は

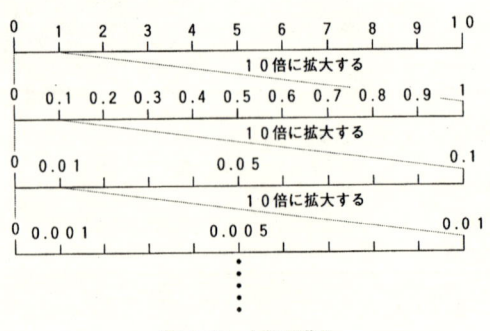

図 **1.22** 小数の導入

1.2 数

$$1+\frac{3}{10}+\frac{2}{10^2}+\frac{9}{10^3}=\frac{1329}{1000}$$

である．いい換えれば，通常の小数(**有限小数**)は分数を略記したものである．

ところが，すべての分数がすっきりした小数で表わせるとは限らない．

例えば，$1/3(=1\div 3)$ を小数で表わそうとすると

$$0.333333\cdots$$

という形に書かざるを得ない．"…"というのは，どこまでも"3"という数字が続いて切れることがない，という意味である．このように，小数点以下どこまでも数字が続くような小数を"通常の小数(有限小数)"に対して**無限小数**と呼ぶ．

また，$1/7=1\div 7$ を筆算で(あるいは膨大な桁数を持つ計算機で)計算すると，つまり $1/7$ を小数で表わそうとすると

$$0.142857142857142857142857\cdots$$

となり，"142857"を無限に繰り返す小数となる．このように，どこまでも同じ数列を繰り返す小数のことを**循環小数**と呼び，$0.142857142857\cdots$ は $0.\dot{1}4285\dot{7}$ と表わす．上記の $1/3=0.3333\cdots$ も循環小数で，これは $0.\dot{3}$ と表わされる．

さて，いうまでもないことだが

$$\frac{1}{3}\times 3=(1\div 3)\times 3=1$$

である．しかし，手元にある計算機，例えば8桁の計算機で，"$(1\div 3)\times 3$"を操作すれば，その結果は"1"ではなくて"0.9999999"となる．つまり，計算機によれば

$$(1\div 3)\times 3\neq 1$$

なのである．これは，$1/3$ という分数を小数で表わした結果の不合理である．

物理学においては，さまざまな測定や実験を行ない，その結果を計算機やコンピューターを用いて処理する機会が少なくない．そのような時，上述の $(1\div 3)\times 3\neq 1$ の例が示すような分数と小数の違いから生じる"不合理"を理解しておくことが大切である．たとえ，1と 0.9999999 との差自体は小さくとも，

その差が重畳されれば大きな値になってしまうのである．

また同時に，コンピューターあるいは測定装置の表示する数値の意味（精度や有効数字）を深く考えることなしに，そのまま"測定値"として扱う愚を避けて欲しいと思う．

■有理数と無理数

周知のように，円の直径と円周との比を**円周率**と呼び，普通 π（パイ）というギリシア文字（"周囲"を意味するギリシア語の頭文字）で表わす．つまり，ある円の直径を d，その円周の長さを c とすれば

$$c = \pi d \tag{1.17}$$

という関係がある．一般人は，$\pi=3.14$ と憶えているのであるが，実は，この π は非常に"厄介もの"なのである．π の値の求め方自体，非常に興味深いのであるが，ここでは紙幅の関係で省略する．読者自身で是非とも調べていただきたい（例えば，巻末に掲げる参考図書 4) や 5) などを参照するとよい）．

さて，π の値については古代より知られていたが，古代ギリシアのアルキメデス（前 287―前 212）は

$$3\frac{10}{71} < \pi < 3\frac{1}{7}$$

を見出した．これを小数で表わせば，ほぼ

$$3.140845 < \pi < 3.142857$$

となる．また，波動の研究で名高い，オランダの物理学者・ホイヘンス（1629―1695）は，1654 年に

$$3.1415926533 < \pi < 3.1415926538$$

という値を得ている．日本では，ホイヘンスと同じ頃，江戸時代の和算家・村松茂清 (1608―1695) が 1663 年に 3.1415926 と小数点以下 7 桁まで正しい値（後述）を示している．

現在では，コンピューターを駆使して，小数点以下，億の桁まで π の近似値が求められている．例えば小数点以下 1000 桁の近似値を示すと

3.141592653589793238462643383279502884197169399375105820974944592307816406286208998628034825342117067982148086513282306647093844609550582231725359408128481117450284102701938521105559644622948954930381964428810975665933446128475648233786783165271201909145648566923460348610454326648213393607260249141273724587006606315588174881520920962829254091715364367892590360011330530548820466521384146951941511609433057270365759591953092186117381932611793105118548074462379962749567351885752724891227938183011949129833673362440656643086021394946395224737190702179860943702770539217176293176752384674818467669405132000568127145263560827785771342757789609173637178721468440901224953430146549585371050792279689258923542019956112129902196086403441815981362977477130996051870721134999999837297804995105973173281609631859502445945534690830264252230825334468503526193118817101000313783875288658753320838142061717766914730359825349042875546873115956286388235378759375195778185778053217122680661300192787661119590921642019896…

となる．しかし，これは，あくまでも"近似値"であり，πの実際の値は無限小数なのである．コンピューターで求められる小数点以下1億桁の近似値というのは，恐るべき精度の"近似値"ではあるが，πが無限小数であることを考えれば，それでもほんの最初の一部分が求められたに過ぎないのである．

この π のように，小数が無限に展開する数は，n/m という分数の形に表わせない．このような数を**無理数**と呼ぶ．これに対して，n/m という分数の形で表わされる数を**有理数**と呼ぶ．ここで，図1.13を見ると，無限小数（分数）が有理数に含まれているので若干混乱するかも知れないが，分数（n/m）は，それを展開した結果が無限小数になったとしても，あくまでも有理数である．

一般に正の数 a に対して，2乗すると a になるような正の数を $\sqrt{a}$ と表わし，$\sqrt{a}$ を a の**平方根**あるいは**ルート** a というのは周知のことである．例えば $2^2=4$ だから $\sqrt{4}=2$ である．同様に，$3^2=9$ だから $\sqrt{9}=3$ である．ところが例えば，$\sqrt{2}$ は無理数で 1.41421356… と無限に小数展開する．$\sqrt{3}$ や $\sqrt{10}$ も同様である．

ところで，余談ながら，「有理数」「無理数」というのは，それぞれ英語の "rational number" "irrational number" の訳で「理」は "rational" の訳になっている．"rational" は「"理"がある」という意味であるから，それぞれの英語を「有理数」「無理数」と訳すのは適当に思える．しかし，それぞれの数学的な意味（n/m で表わされるか否か）を考えれば，「理が有る」「理が無い」とい

図 1.23　直角三角形と正方形

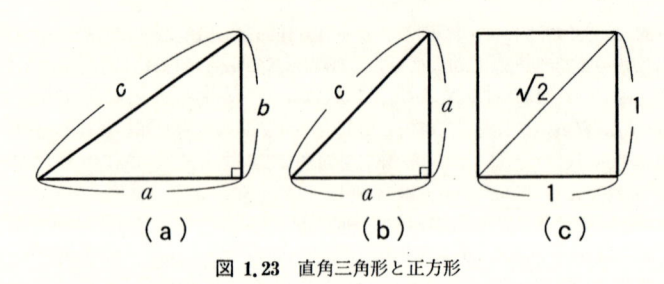

うのは少しヘンなのではないか．実は，"rational"は，名詞の"ratio (比)"に由来する形容詞である．"n/m"はまさしく"比 ($n:m$)"を表わすものであるから，本当は，「有比数」「無比数」と呼ぶべきだろうと思うが．

閑話休題．

さて，いままで無理数について述べてきたのは，実は，ピタゴラス学派の「宇宙には美しい数の調和がある」という言葉を再度考えてみたかったからである．

そもそも，ピタゴラスを有名にしている「ピタゴラスの定理」というのは，図1.23(a)に示すような直角三角形の各辺の間に

$$a^2+b^2=c^2 \tag{1.18}$$

という関係が成り立つということである．この定理の証明は"頭の体操"としても面白いので，是非，自分自身で試みていただきたい．

ピタゴラスの定理は逆も成り立つのであって，三角形の3辺の長さに式(1.18)のような関係があれば，この三角形は c を斜辺とする直角三角形となる．一般に，式(1.18)を満たす自然数の組 (a, b, c) を**ピタゴラス・トリプル**という．(3, 4, 5)のほかに(6, 8, 10)や(5, 12, 13)などがピタゴラス・トリプルである．

ピタゴラスの定理は，確かに「美しい数の調和」に思える．しかし，図1.23(b)に示す直角二等辺三角形は，「宇宙には美しい数の調和がある」というピタゴラス派の根底を揺がすような大きな問題を提起したのである．もちろん，直角二等辺三角形の場合にも，式(1.18)に示されるピタゴラスの定理が成り立つことはいうまでもない．問題は，直角二等辺三角形の辺の長さの比に起こる．

いま，図1.23(b)で $a=1$ とすれば，ピタゴラスの定理より，$1^2+1^2=c^2$ であ

り，$c^2=2$，つまり $c=\sqrt{2}$ となる．上述のように，$\sqrt{2}$ は無理数である．このことは，図1.23(c)に示す，極めて調和のとれた図形であるはずの正方形の対角線の長さが，決して1辺の長さの比として表わせないということである．これでどうして「宇宙には美しい数の調和がある」といえようか．

また，古来，最も完全な形とされてきたのは円であるが，直径が1である円の円周は π であり，これも比で表わせない無理数である．

このように，自然界の中で最も美しい調和を持つような正方形や円の中の通約不可能な無理数（無比数）の存在は，ピタゴラス学派に致命的な打撃を与え得るものだったのである．

筆者自身は，正方形や円に無理数（無比数）が内在していることが不思議でならないのであるが，読者諸氏はいかがなものであろうか．

■**実数と虚数**

初等代数学では正の数（＋）と負の数（－）の掛け算の積の符号について

$$(+) \times (+) = (+)$$
$$(+) \times (-) = (-) \times (+) = (-)$$
$$(-) \times (-) = (+)$$

ということになっている．上2段の積の符号の意味を理解するのに問題はないだろう．しかし，（－）に（－）を掛けた結果が（＋）になるというのは少々理解に苦しむのではないだろうか．このことを，中谷宇吉郎は「汚い絵具でまずく描いたら傑作の絵ができたというようなこと」といっている．描かれた絵が傑作か否かというのは"感性"にも依存することなので，実際に，絵の世界でこのようなことがあっても不思議ではないかも知れないが，"理性"の数学の世界ではちょっとヘンな気がする．ここでは，人間がそのような代数学を作ったのだ，と理解しておこう（その考え方については，巻末の参考図書5)などを参照するとよい）．しかし，図1.17，1.19に示した⊕と⊖の電荷の相互作用で(＋)を斥力，（－）を引力と考えれば，上記の（＋）と（－）の掛け算の積の符号はすんなりと理解できるだろう．

いずれにせよ，いままでにわれわれが扱った数 a については，それが有理数にせよ無理数にせよ

$$a^2 \geq 0$$
$$(-a)^2 \geq 0$$

であり，例えば

$$x^2 = -1$$

となるような数 x は存在しないのである．いい換えると $x^2+1=0$，より一般的にいえば，a を正の数とする $x^2+a=0$ というような 2 次方程式には解が存在しないことになる．また同様に $(x\pm a)^2 \geq 0$ だから，例えば $(x-2)^2+16=0$，つまり $x^2-4x+20=0$ のような 2 次方程式にも解が存在しない．これは，数学の"立場"から考えると誠に困った状況である．また，誠に不便でもある．

実は，数学的に不便なだけではなく，物理現象を説明する上でも「2 乗した数は負にならない」という制約はない方がありがたいのである．

それでは，ということで新たに導入されたのが"2 乗すると -1 になる数"である．そのような数を "i" という記号で表わすとすれば

$$i^2 = -1, \quad i = \sqrt{-1}$$

である．$(-i)^2 = (-1)^2 \times (i)^2 = i^2 = -1$ となるから

$$(\pm i)^2 = -1$$

となる．つまり，2 次方程式 $x^2+1=0$ の解は i と $-i$ となる．同様に，例えば $x^2+4=0$ の解は $2i$ と $-2i$ になる．また前掲の $(x-2)^2+16=0$ の解は，$(x-2)$ を 2 乗すると -16 になることから

$$(x-2)^2 = -16 \quad \rightarrow \quad x-2 = 4i \quad 又は \quad x-2 = -4i$$

であり，

$$x = 2 \pm 4i$$

と求められる．

2 乗すると負になるような数，一般的に bi と書かれるような数は**虚数**と呼ばれる．また，"i" を**虚数単位**と呼ぶ．そして，虚数以外の数を**実数**と呼ぶ．このような虚数単位 i を導入することによって，すべての数は

$$a+bi \quad (a, b \text{ は実数})$$

という形で表わされることになる．そして，これを**複素数**と総称するのである（図1.13参照）．a を**実数部分**（あるいは**実部**），b を**虚数部分**（あるいは**虚部**）と呼ぶが，実数は虚部が0である複素数とみなすことができる．また，実部が0である複素数を**純虚数**と呼ぶ．

余談ながら，"2乗すると負になる数"というのは，いわば"仮想的な数(imaginary number)"なので，その頭文字をとって虚数単位の記号を"i"にしたのである．日本語の"虚数"は"imaginary number"の訳なのであるが，いつも"image"することを重要視している筆者は"imaginary"を"虚（ウソ）の"と訳すことに，いささか抵抗を感じている．"imaginary number"は"仮数"と訳されるべきではないだろうか．

閑話休題．

われわれは，さまざまな自然現象を観測という行為を通して認識し，その観測を実数で表わすのであるが，便宜上，虚数を導入することによって"表現"を豊富にすることができるのである．一例を挙げてみよう．

周知のように，電気には直流と交流があるが，一般家庭や工場などで使われている電気のほとんどは交流である．図1.24(a)に示すように，直流電流は時間に対し大きさも向きも一定であるが，交流は(b)に示すように大きさと向きが周期的に変化する（このような電流は一般に正弦波交流と呼ばれる）．日本では交流の周波数は静岡県の富士川を境にして，東で50 Hz，西で60 Hzである．

このような正弦波交流の電流 I を，図1.25に示すように，x 軸を実部，y 軸

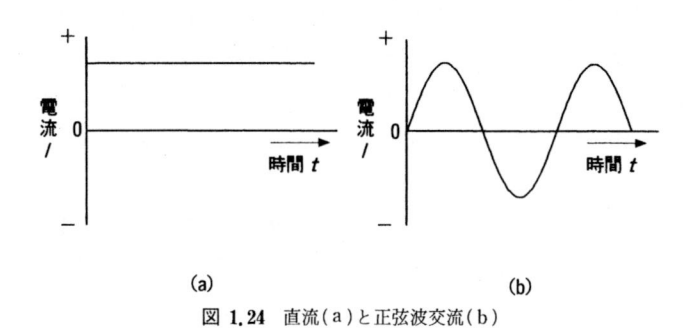

図 **1.24** 直流(a)と正弦波交流(b)

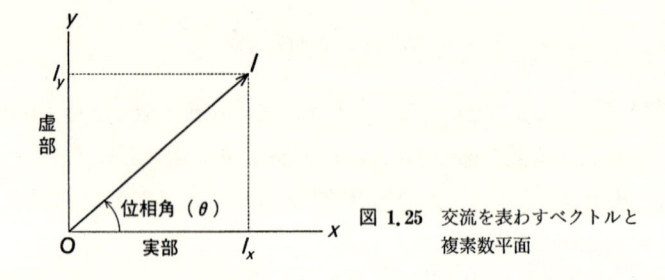

図 1.25 交流を表わすベクトルと複素数平面

を虚部とする**複素数平面**（このような"座標平面"については第2章で説明する）上のベクトル（第6章で詳述する）

$$I = I_x + I_y i \tag{1.19}$$

で表わすと，交流回路の計算が非常に簡単になるのである．例えば，交流の絶対値（電流値）を$|I|$，位相角をθとすれば，それらはそれぞれ

$$|I| = \sqrt{(実部)^2 + (虚部)^2} = \sqrt{I_x^2 + I_y^2} \tag{1.20}$$

$$\theta = \tan^{-1} \frac{虚部}{実部} = \tan^{-1} \frac{I_y}{I_x} \tag{1.21}$$

で求められる．

■**指数と対数**

以上で図1.13に挙げたすべての"数"について説明したのであるが，この章の最後として，自然現象を数式化して扱う上で，また自然界の大きさを理解する上で非常に便利な**指数**と**対数**について述べておきたい．特に，17世紀の初めに考案された対数によって天文学に使われるような膨大な数の計算が著しく簡単になり，それまでの空論的自然科学が実証的自然科学へと大きな飛躍を遂げたのである．

指数はすでに何度も登場しているのであるが，ここで改めて簡単に復習しておこう．

真言宗の開祖・空海（774―835）は真言密教の世界観を述べた『吽字義（うんじぎ）』の中で，ものの大きさや量が相対的であることを，「ガンジス河の砂粒の数も，宇宙の広がりを考えれば多いとはいえず，また全自然の視野から見れば，微細な

塵芥も決して小さいとはいえない」というたとえで述べている．つまり，人間の認識はあくまでも相対的であり，相対的な規準を尺度としたのでは，真の自然，世界を見極めることはできない，と戒めているのである．

ここで，自然界のものの大きさを比較してみよう．ものの大きさを考えるには，われわれの"日常的な長さ"であるメートル（m）を基準にするのがよいだろう．

例えば，われわれが住む地球の直径は赤道で約 13000000 m である．また，銀河系の半径はおよそ 10000000000000000000000 m である．宇宙はまさに想像を絶する大きさである．また，すべての物質は原子からできているが，その原子の大きさはおよそ 0.0000000001 m である．これは想像を絶する小ささである．

想像を絶することはともかく，0 が 21 個も並ぶ 1000000000000000000000 や，小数点以下に 0 が 9 個も並ぶ 0.0000000001 というような数字は扱うのは非常に不便である（0 の数を間違えることは容易に想像できるだろう）．そこで導入されるのが**指数**という便利な数である．例えば，10000 は $10\times10\times10\times10$ というように，10 を 4 回掛けた数だから 10^4 と表わす．また，0.001 は $1/10\times1/10\times1/10$ で，この $1/10$ を 10^{-1} とすれば，10^{-1} を 3 回掛けた数だから 10^{-3} と表わすことができる．このように，10 の右肩についている数を**指数**と呼ぶのである．この指数を用いれば

$$1000000000000000000000 = 10^{21}$$

であり，また

$$0.0000000001 = 10^{-10}$$

である．また

$$13000000 = 1.3\times 10^7$$

となる．

自然界に存在するさまざまなものをメートル（m）の単位で指数を使って表わしたのが図 1.26 である．このように，自然界にはさまざまな大きさのものがあるが，物理の世界では一般に，原子の大きさ（10^{-10}m）の程度以下の世界を

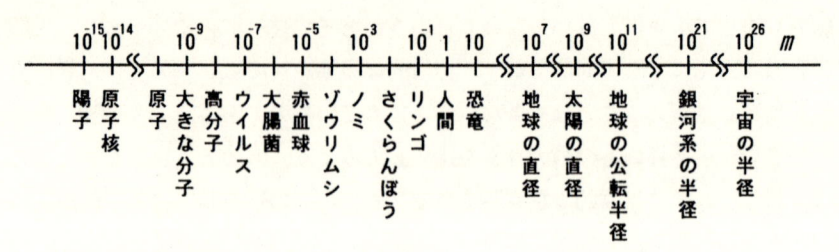

図 1.26 自然界のものの大きさの比較(原康夫『量子の不思議』中公新書,1985 より一部改変)

微視的(ミクロスコピック)世界,略して**ミクロ世界**,われわれの日常的な感覚に合致する大きさから宇宙規模の大きさまでの世界を巨視的(マクロスコピック)世界,略して**マクロ世界**と呼ぶ.この中間の世界は**メゾスコピック世界**と呼ばれるが,それぞれの境界は必ずしも明確ではない.ちなみに,マクロ世界の現象を説明するのが**古典物理学**,ミクロ世界の現象を説明するのが**量子物理学**と呼ばれるものである.

以下,指数に関する一般的事項を整理しておこう.

ある数が a^m で表わされる時,a を**底**,m を**指数**と呼ぶ.そして

$$\left.\begin{array}{l} \dfrac{1}{a^m}=a^{-m} \\ a^0=1 \\ a^{\frac{n}{m}}=\sqrt[m]{a^n} \quad (m,\ n は正の整数) \end{array}\right\} \quad (1.22)$$

と定義する.また

$$\left.\begin{array}{l} a^m \times a^n = a^{m+n} \\ (a^m)^n = a^{mn} \\ (ab)^m = a^m b^m \end{array}\right\} \quad (1.23)$$

で,これらを**指数法則**という.

さて,$N=a^m$ は「a の m 乗は N である」という意味であるが,これは「m は,N になるまで a を掛け合わせた数である」といっても同じことである.これを数式で

$$N=a^m \iff m=\log_a N \qquad (1.24)$$

と表現し，a を**底**，m を a を底とする N の**対数**(logarithm)，N を対数 m の**真数**と呼ぶ．"log" は "logarithm（対数）" を縮めた記号で "ログ" と読む．

図 1.26 に示す数は，10 を底とした指数で表わされているが，この場合の指数と対数との関係は，例えば

$$10000=10^4 \iff 4=\log_{10}10000 \qquad (1.25)$$

となる．10 を底とする対数は特に**常用対数**（common logarithm）と呼ばれ，底の 10 を略し，$\log N$ と書かれることが多い．

前述のように，17 世紀以降，対数の導入は膨大な数の計算を著しく簡単にする恩恵をもたらした．複雑な計算を簡単に行なえる計算機が一般に普及した現在，われわれが計算における対数の恩恵を感じることはほとんどなくなってしまったが，自然現象をグラフ化する上で，対数の恩恵は依然として甚大である．これについては第 3 章で述べることにする．

底が 10 である対数を常用対数と呼ぶことは既に述べたが，ここで，**自然対数**というものを簡単に紹介したい．

数学の中で，そして物理現象を説明する上で最も重要な役割を演ずる数の一つに記号 "e" で表わされる数字があり，それは 2.71828… と続く無理数である．この e を底とする対数，つまり $\log_e N$ を自然対数(natural logarithm)と呼び，$\ln N$ で表わす．つまり

$$N=e^m \iff m=\ln N \qquad (1.26)$$

である．また，e^m を $\exp m$ と書き表わすことも多い（"exp" は「指数の」を表わす "exponential" の頭の 3 文字をとったものである）．例えば，固体物理学の分野の数式には $e^{E/kT}$ というような項がしばしば現われるが，これを $\exp(E/kT)$ のように書くのである．

なお，常用対数と自然対数との関係は

$$\log N = \frac{\ln N}{\ln 10} \qquad (1.27)$$

であり，$\ln 10$ の値はおよそ 2.3026 なので

$$\ln N = 2.3026 \times \log N \tag{1.28}$$

となる．

　この "e" の意味，その値，そして e を底とする対数がなぜ自然対数と呼ばれるのか，については第3章，第4章で述べるので，それまで楽しみに待っていていただきたい．ここでは，微分・積分に関係して登場する対数は常に自然対数である，ということだけ述べておこう．

チョット休憩●1　　　　　　　　　　　　　　　　　　　　ピタゴラス

　数学の世界には数多くの「定理」があるが，特に数学に縁がある人でなくても，誰でも知っているのが「ピタゴラスの定理」ではないだろうか．試みに辞書で「定理（theorem）」を調べてみるとよい．「ピタゴラスの定理（Pythagoras' theorem）」を例として挙げている辞書が少なくないはずである．もちろん，この定理の名前は古代ギリシアのピタゴラス（Pythagoras, 前570頃—前500頃）に由来するものである．

　ところが，ピタゴラス自身は著作は何も遺していないのである．その理由の一つは，著作を遺す媒体（パピルス，粘土板など）がなかったためとも考えられている．つまり「パピルスが輸入される以前に仮に学者がいたにしても，その名や思想が後代に残る機会はすこぶる乏しかった」（吉田洋一『零の発見』）のであろう．しかし，ピタゴラスについていえば，さらに特殊な事情があったようである．

　つまり，ピタゴラスは "ピタゴラス学派" の創始者・総帥ではあるが，その "学派" は今日的な意味での "学問的グループ" ではなく，宗教的な結社であった．そして，その結社員のみにピタゴラスの思想を "口伝" し，彼らはそれを外部に洩らさないことになっていたようである．したがって，たとえ手元にパピルスがあったとしても，ピタゴラスの思想あるいは定理が書き記されることはなかったのではないかと思われる．

　このような秘密的傾向は，近代・現代においても決して珍しいことではない．日本の職人技や芸道伝授の際の「見て身体で覚える」ことや「一子相伝」は普通に行なわれていることである．江戸時代に書かれた和算のテキストであ

る『塵劫記』などを読んでも，算術が"芸事"の一つであったことがよくわかる．古代ギリシアにおいても，数学や思索することなどが"芸事"の一つであったことは想像に難くない．

したがって，今日，ピタゴラスの名が冠せられている定理その他がピタゴラス自身が発見したものであるか，あるいはピタゴラス派の学徒（結社員）が生み出したものであるかは定かではない．しかし，それは重要な問題ではないだろう．いずれにせよ，ピタゴラスは，ヘロドトス（前485頃—前425）に「ギリシア人の中でも傑出した知者」そしてヘラクレイトス（?—前460）に「ありとあらゆる人間の中でもっともよく探求をおこない，このような書物を抜粋して，自分の知恵，博識，詐術をつくりだした」，さらにポルピュリオス（生没年?）に「その容姿は自由人にふさわしいもので，背丈があり，その声，その品格，その他どれをとってもきわだった優美さと調和を備えていた」（内山勝利編『ソクラテス以前哲学者断片集 第Ⅰ分冊』岩波書店）といわしめたほど偉大で魅力的な人物だったのである．

ピタゴラス学派の教義「宇宙には美しい数の調和がある」をもう一度，かみしめたい．

■ 演習問題

1.1 数学は言語の一種である，という言葉の意味を説明せよ．

1.2 自然界の「法則」と呼ばれているものは，人間とは無関係に自然界に存在しているものか，あるいは人間が創り出したものか，考えよ．

1.3 万有引力の法則は $F = Gm_1m_2/d^2$ という式で書き表わされる．左辺は具体的な"機能"を持つ力であるが，右辺は［質量^2/距離^2］というある種の"量"である．まったく次元の異なるものが「等しい（=）」ということに疑問を感じないのだろうか．このような「等式」の意味について説明せよ．

1.4 手元にある計算機を用いて $(1 \div 3) \times 3$ を計算し，その答が1にならないことを確かめよ．そして，分数と小数の違い，それらの関係について考えよ．もし，答が1になる計算機があれば，その計算機は「どのような計算」をしているのかを考えよ．

1.5 対数を使って，$2^{200} \times 3^{300}$ の積が何桁の数になるか求めよ．ただし $\log 2 = 0.301$，$\log 3 = 0.477$ とする．

2 座標

　科学史上，自然観革命は何度かあるが，その一つは16世紀から17世紀にかけて起こった．具体的には，ガリレイ(1564—1642)やニュートン(1642—1727)による"近代科学"の形成を指す．この"近代科学"の思想的推進力になったのがベーコン(1561—1626)の「自然支配の理念」とデカルト(1596—1650)の「機械論的自然観」であった．近代科学の出発点といわれる実証主義思想はベーコンに発している．ベーコンは，まず資料を集め，それを整理，分類した上で，実験と観察に基づく帰納的方法を重視した．そして，人間を自然から切り離して客観化し，人間による自然支配の方法の確立を目指した．

　一方，ベーコンよりやや遅れて登場したデカルトは，旧来のアリストテレス哲学の「自然のすべての変化や運動は，それぞれある目的を実現する過程である」という考えを否定し，普遍的な運動原因，基本法則をもって自然現象を説明することを提唱したのである．デカルトの近代科学に対する思想的貢献は甚大かつ広範であるが，中でもすべての科学への最大の影響力を持ち，後の生産性へとつながったのは座標系（**デカルト座標**）の発見である．

　空間を表わす客観的で科学的な新しい方法であるデカルト座標は近代科学の最初の大発明の一つであり，これによって，宇宙を，そして自然を数量化することが可能になった．空間のすべての点は，3つの座標が与えられれば，はっきりと位置を定めることができるのである．デカルト座標は，ニュートンによって"科学的な地図"位相空間へと発展させられる．そして，自然現象を関数，数式で表わすことを可能にする．

2. 座　標

2.1 平面と空間の数量化

2.1.1 遠近法

まずは，図2.1に示す絵を見ていただきたい．

これは15世紀のヴェネツィア派の画家・クリヴェリ（1430頃—1495頃）の「受胎告知（聖エミディウスを伴なう大天使ガブリエル）」と題する絵であるが，注目していただきたいのは，この絵が典型的な**遠近法**（厳密には後述する**線遠近法**）で描かれていることである．

遠近法というのは，3次元の自然の物象を目に見えるのと同じような距離感で2次元の平面に表現する方法である．遠近法には，図2.1に示すような幾何学的な透視図法である線遠近法のほかに，近景から遠景に向かって大気の厚さ

図 2.1 クリヴェリ「受胎告知」
　　　　　（ロンドン・ナショナル
　　　　　ギャラリー蔵）

2.1 平面と空間の数量化

図 2.2 デューラーの銅版画

が変化することによって色彩が異なることを考慮した**色彩遠近法**，また物象が次第にかすむことに着目した**消失遠近法**がある．

ここで注目する線遠近法は，ルネサンス期（13世紀末～15世紀末），この時代の写実主義的な自然再現という課題のもとにイタリアで，建築家・彫刻家のブルネレスキ（1377―1446）によって開発されたものである．空間をある一つの視点から描く遠近法は，人間の理性による一つの「発明」であり，これによって絵画はより「写実的」になった（それを逆手にとったのが「だまし絵」と呼ばれるものである）．

次に，図2.2を見ていただきたい．

これは，線遠近法を探求したドイツの版画家・デューラー（1471―1528）が描いている"遠近法の実践風景"である．左側のモデルと右側の画家の間に"格子"の衝立が立てられている．そして，画家がスケッチする画用紙にも同様の"格子"が引かれていることに注目していただきたい．画家は格子を通してモデルを見て，各升目の中の"像"を画用紙上の同じ升目の中に写していくのである．このような"道具"を使えば，遠近法幾何学の法則に従って，どのような場面でも物象でも写実的に描くことができる．

遠近法を用いた絵画は確かに「写実的」ではある．しかし，3次元空間の物象を2次元の平面に写実的に描くためには，自然な姿や形を歪めなければならないことも事実である．遠近法で描かれる「自然」はあくまでも格子に張りつけられた人為的な「自然」である．実は，本章の冒頭で述べたベーコンやデカルトの思想は，自然を"科学の格子"に張りつけることだったのである．

ところで，日本の絵巻物にははっきりした遠近法は認められないが，水墨画

の世界では中国・宋代（11世紀）にすでに色彩遠近法，消失遠近法が取り入れられている．

2.1.2 座標の導入
■条坊

シナ・前漢から唐までの首都であった長安（現在の西安）は世界史に燦然と輝く大都である．特に栄えたのは前漢，唐の時代で，唐の長安は東西約 10 km，南北約 8 km の大規模なもので，宮城・皇城（官庁）・住宅地を持つ計画であった．その市街の特徴は，大小の道路が東西・南北に走り，格子状の街区を構成していたことである．長安の最盛期は玄宗帝の頃（8世紀前半）で，人口は100万に達し，シルクロードの中心をなす国際的な文化都市だった．日本の朝廷から派遣された吉備真備（693―775），最澄（767―822），空海（774―835）らの"遣唐使"は長安の華やかさにさぞかし驚いたことであろう．

日本史上最初の大規模な都は，710年に長岡京から遷都されて造営された平城京（現在の奈良市街西方）である．近年，この平城京の大規模な発掘調査が

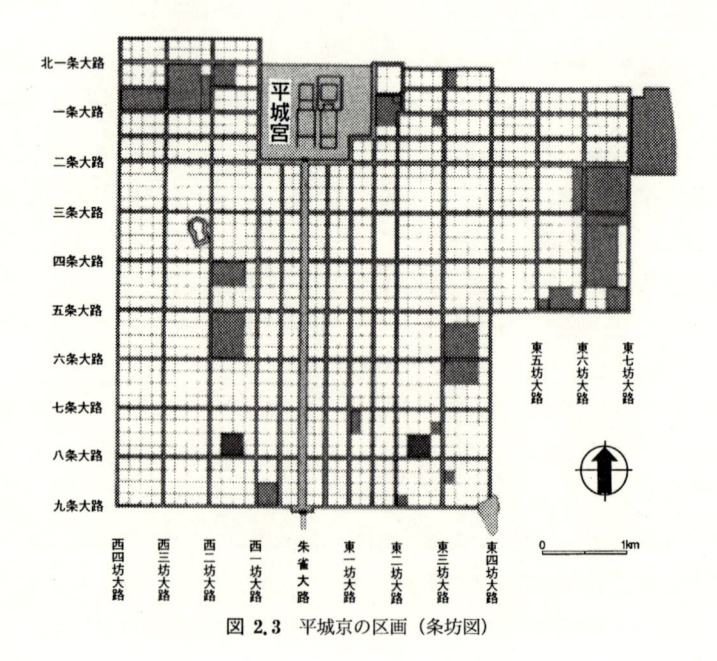

図 2.3 平城京の区画（条坊図）

行なわれ，図2.3に示すような全貌が明らかになっている．

このように，大路・小路によって分けた格子状の市街の区画を**条坊**というのであるが，平城京（そして794年造営の平安京も）の条坊は長安のものの模倣である．平城宮を中心位置に定め，東西は朱雀大路を挟む左右両京を各4**坊**に，南北は9**条**に分けている．

東西と南北の方向に整然と区画された現在の都市としては，日本では京都と札幌が有名である．京都の町は，東西方向に走る道は図2.3と同じように一条，二条と数えるが，南北方向の道には堀川通りや烏丸通りのような名前がつけられている．札幌の道には東西と南北に数字が割りふられ，交差点は北1条西3丁目，通称"北1西3"（有名な時計台がある所）のように非常にわかりやすい．ちょっと"一般法則"を知りさえすれば，札幌の町中で道に迷うことはないだろう．

現代の日本の都市の中で札幌や京都の区画は非常にわかりやすいが，図2.3を見れば平城京の条坊の一層の簡明さは一目瞭然であろう．平城京の南西の隅を拡大した図2.4（便宜上，漢数字を算用数字に改めた）で各交差点を（条，坊）で指定することを考えてみよう．例えば，交差点A，B，Cはそれぞれ(8, 3)，(8.5, 3.5)，(8.75, 2.25)で極めて正確に表わせる．大路に挟まれた小路の間にさらに小小路を設ければ，場所をさらに細密に，数値で指定できる．

このような古代都市の条坊あるいは現代都市の格子状の区画は本節で述べる**平面座標**，そしてそれを3次元空間に拡張した**空間座標**の"源"と考えること

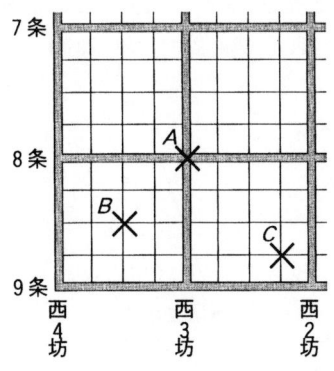

図2.4 平城京の交差点

もできるだろう．

■デカルト座標

すでに x-y 座標系のことを知っている現代のわれわれが，図 2.3 に示したような条坊図を眺めれば，デカルトの「座標の発見」がそれほど大発見なのだろうか，と思うかも知れない．しかし，それは「コロンブスの卵」というものであろう．事実，長安や平城京の条坊を知るシナ人や日本人から「座標の発見者」は生まれなかったのである．

実は，デカルトの座標の発見を導いたのは長安や平城京の条坊ではなく，前述の遠近法の発明であった．ここで，もう一度，図 2.2 の銅板画の中央に描かれている格子の衝立を見ていただきたい．線遠近法の道具であるこの格子の衝立の画期性は，それが空間を，そして自然界を区画したことである．この区画が自然界を数量化し，空間を客観的に表わすデカルト座標という大発見につながったのである．

話が前後するが，「座標」を定義しておこう．

平面（空間）内の各点の位置を正確に表わすために，一定の方式で定められる 2 個（3 個）の実数の組，また，その実数の一つ一つを**座標**と呼ぶ．後述するように**座標系**には**極座標**というようなものもあるが，デカルトが図 2.5(a) に示すような直交座標を用いたので，**斜交座標**(b) をも含めた**平行座標**をデカルト式の座標という意味で，一般に**デカルト座標**と呼ぶ．

■座標平面と座標空間

以下，最も一般的な直交座標に基づいて説明する．

図 2.6 に示すように平面上に縦と横の方向に，直交する 2 本の直線（**軸**）を引く．この 2 本の直線は図 1.15 に示した数直線であるが，線上の目盛に対応す

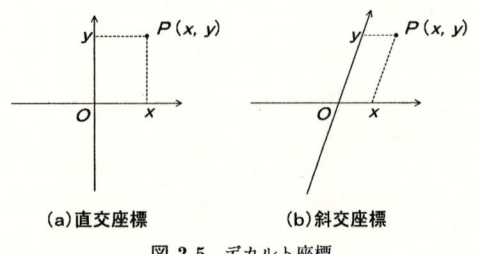

(a) 直交座標   (b) 斜交座標

図 2.5　デカルト座標

2.1 平面と空間の数量化

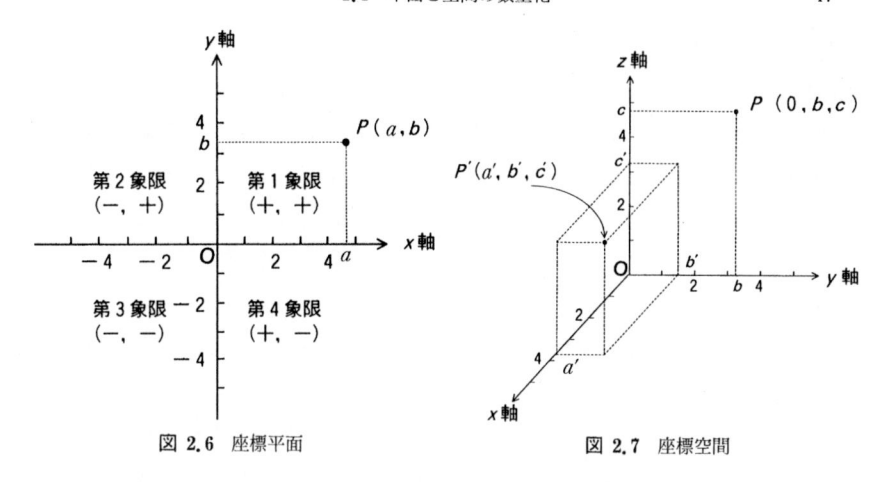

図 2.6 座標平面

図 2.7 座標空間

る数は整数に限らず実数でよい．一般的には，横方向の数直線を **x 軸**，縦方向の数直線を **y 軸**と呼ぶ．このような x 軸と y 軸によって表わされた平面が**座標平面**（x-y 座標平面）である．点 P を (a, b) で表わした時，(a, b) を P の座標という．また，a を P の **x 座標**，b を P の **y 座標**と呼び，点 P の座標が (a, b) であることを $P(a, b)$ と表わす．$O(0, 0)$ を**座標原点**（あるいは単に**原点**）と呼ぶ．

座標平面は x 軸と y 軸によって 4 つの部分に分けられるが，それぞれの部分には図 2.6 に示すように**第 1 象限**，…，**第 4 象限**という名前がつけられている．

デカルト座標は図 2.7 に示すように 3 次元空間に対しても定義できる．このような 3 次元座標によって表わされる空間が**座標空間**（x-y-z 座標空間）である．座標空間は，まさに，自然界を"科学の格子"に張りつけるものであった．3 次元座標の導入によって，それまではとりとめのなかった空間のすべての点が，正確に，数量的に扱われ得るようになったのである．このデカルトの座標空間は，ニュートンという天才の手によって，科学で最も幅広く使われる**位相空間**（後述）となり，すべての変化は位相空間の座標上の数学的操作に還元されるようになった．このような意味において，デカルト座標は近代科学の最初の大発明であるといっても過言ではないだろう．

2.1.3 座標変換
■極座標

座標は点の位置を数量的に表わすものなので,直交座標や斜交座標に限ったものではない.場合によっては,点の位置を他の方式で定めた方がよいこともある.それはちょうど,数を表わすのは10進法に限ったことではなく,ON-OFFの動作を基本としたコンピューターには2進法が適している,ということに似ている.

自然界の回転や振動を伴なうようなさまざまな現象を扱う上で便利な**極座標**というものを以下に述べよう.

極座標は図2.8に示すように,点の位置を一定点(原点 O)からの距離 r と方向 θ とによって表わす方式の座標である.この (r, θ) を点 P の極座標と呼ぶ.

極座標 (r, θ) は,以下の式によって,図2.6に示すような直交座標系の座

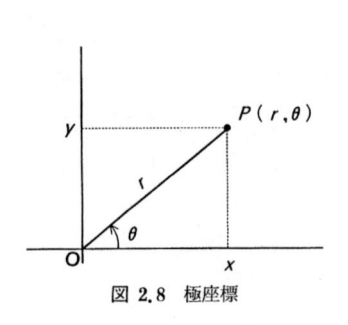

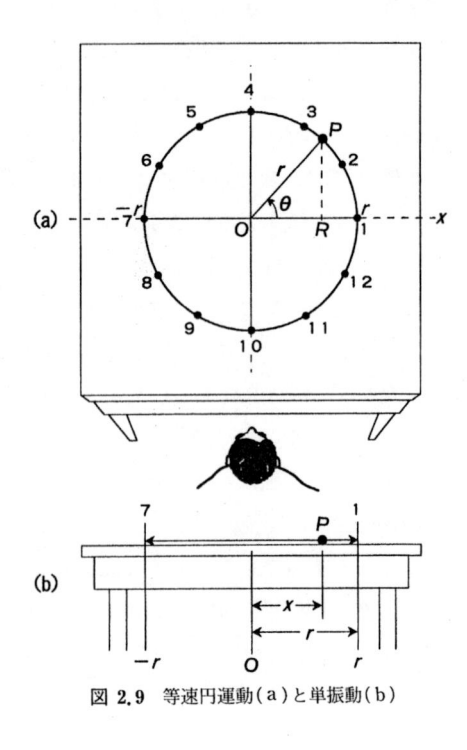

図 2.8 極座標

図 2.9 等速円運動(a)と単振動(b)

2.1 平面と空間の数量化

標に変換できる．

$$\left.\begin{array}{l}x = r\cos\theta \\ y = r\sin\theta\end{array}\right\} \quad (2.1)$$

図2.8に示す点 P は第1象限の中に描かれているが，点 P がどの象限にあっても極座標で表わされることはいうまでもない．つまり，点 P がどこにあっても，その極座標 (r, θ) が決まる．しかし，点 P が原点に一致する時は $r(=0)$ は決まるが θ は定まらない．このように極座標にはいくつかの弱点があるものの，次に示す等速円運動と単振動との関係を考えるような場合には非常に便利である．

いま，図2.9(a)のように，テーブル上で半径 r の等速円運動をしている点 P を考える（最近はほとんど見られなくなってしまったが，回転するレコード盤の端に置かれた小さな消しゴムのようなものを想像するとよい）．各時点における点 P の位置を表わすのが極座標 (r, θ) である．この等速円運動する点 P を真横から見たとすれば，図2.9(b)に示すように，P は1と7の点の間の往復を繰り返す振動をすることがわかる．

図2.9(a)で，回転の中心を O，回転角を θ，P の軸上への投影点を R とすれば，式 (2.1) より

$$x = OR = r\cos\theta \quad (2.2)$$

となる．点 P の回転の角速度を ω とすれば，P が1の点をスタート(あるいは通過)してから t 時間後の回転角 θ は

$$\theta = \omega t \quad (2.3)$$

で与えられ，式 (2.3) を式 (2.2) に代入すれば

$$x = r\cos\omega t \quad (2.4)$$

となる．回転の周期を T とすれば，$\omega = 2\pi/T$ なので，これを式 (2.4) に代入して

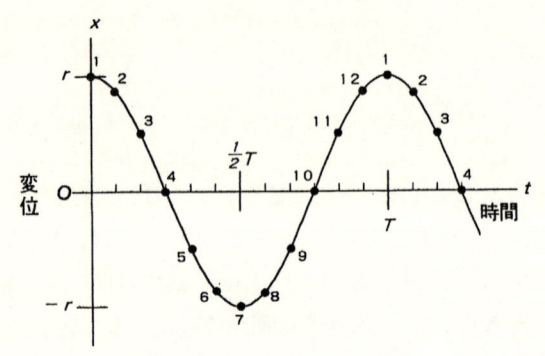

図 2.10 等速円運動する質点Pの時間的変位 $x(t)$ を示す余弦曲線

$$x = r \cos \frac{2\pi}{T} t \qquad (2.5)$$

を得る.

式(2.5)と図2.9(a)に示される円周上の各点とを対応させて図示すれば, 時間 t と変位 x との関係が図2.10のように示される.

■座標変換

直交座標系の座標と極座標との互いの変換は式(2.1)を用いて行なえばよい. 次に, 同じ直交座標内における座標変換について述べる.

説明を簡単にするため, 以下座標の第1象限について述べるが, 座標変換がすべての象限に当てはまること, またさらに3次元の座標空間にまで拡張され得ることはいうまでもないだろう.

図2.11(a)に示される x-y 座標平面上の点 A (x_a, y_a), B (x_b, y_b) を考える. 点 A, B の座標は原点 O を基準にしたもの, つまり原点 O からの相対的位置を表わすものである. しかし, 点 B の点 A に対する相対的位置, あるいは運動を議論するような場合は, 図2.11(b)のように, 点 A を新たな原点 O' とする x'-y' 座標平面を考えた方がよいだろう. これはちょうど, 透明なアクリル板に描かれた x-y 座標軸を原点 O の位置から O' の位置へ平行移動するようなものである. 紙の上に書かれた点 A, B の位置は変わらないが, それぞれの座標は

2.1 平面と空間の数量化

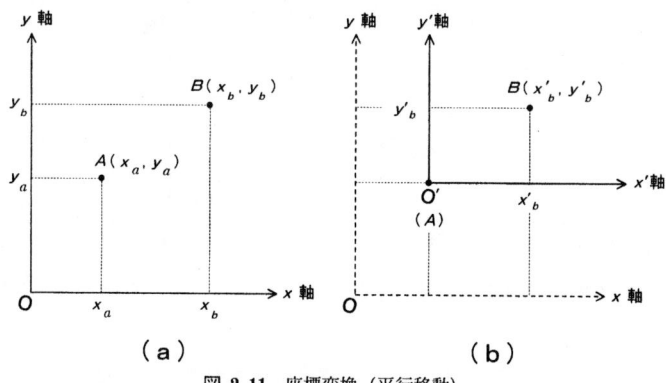

図 2.11 座標変換（平行移動）

$$A(x_a, y_a) \longrightarrow O'(0, 0)$$
$$B(x_b, y_b) \longrightarrow B(x'_b, y'_b)$$

に変わる．これが座標交換である．

$x\text{-}y$ 座標と $x'\text{-}y'$ 座標との間には

$$\left.\begin{array}{l} x' = x - x_a \\ y' = y - y_b \end{array}\right\} \tag{2.6}$$

$$\left.\begin{array}{l} x = x' + x_a \\ y = y' + y_b \end{array}\right\} \tag{2.7}$$

の関係がある．これを**座標変換の式**と呼ぶ．

例えば，図 2.12 に示すように，$x'\text{-}y'$ 座標系が $x\text{-}y$ 座標系の x 軸方向に等速度 v で移動している場合，座標 x，x' の変換式は

$$\left.\begin{array}{l} x' = x - vt \\ x = x' + vt \end{array}\right\} \tag{2.8}$$

となる．これは一般に**ガリレオ変換**と呼ばれているものである．

ついでなので書き添えておくが，アインシュタイン（1879－1955）が**4次元時空間** (x, y, z, ct) を提唱した 20 世紀以降は，**ローレンツ変換**と呼ばれる

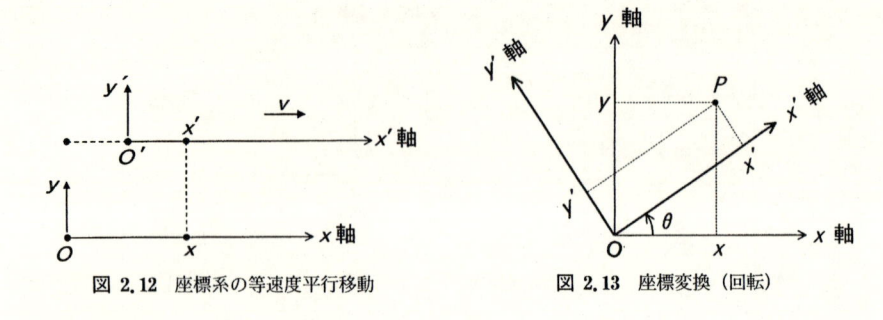

図 2.12 座標系の等速度平行移動

図 2.13 座標変換（回転）

座標 (x, y, z) に加え時間 (t) の変換式が含まれるものがあるが，紙幅の都合上ここでは深入りしない．要は，自然界は空間と時間が互いに独立しているものではなく，両者（**時空**）がからみ合って成立している，ということである．

いま述べた座標軸の平行移動による座標変換は直進運動などを扱う時に便利であるが，物理学あるいは工学上の問題には座標軸を回転することによって記述が簡明になるようなものが少なくない．このような場合，図 2.13 に示すように，原点 O はそのままの位置で，座標軸を反時計回りに角 θ だけ回転して座標変換を行なう．

この場合の新・旧座標の変換式は三角関数を用いて

$$\left.\begin{array}{l}x' = x\cos\theta + y\sin\theta \\ y' = -x\sin\theta + y\cos\theta\end{array}\right\} \quad (2.9)$$

$$\left.\begin{array}{l}x = x'\cos\theta - y'\sin\theta \\ y = x'\sin\theta + y'\cos\theta\end{array}\right\} \quad (2.10)$$

となる．

図 2.12 に示した等速度平行移動の場合と同様に，新座標系 $x'-y'$ が旧座標系に対して等角速度 ω で回転する場合は，式 (2.3) に示したように，θ を ωt で置換すればよい．

このような座標軸の回転による座標変換は，例えば，回転運動体の**遠心力**や**コリオリ力**の解析に有効である．詳しくは，力学の教科書を参照していただきたい．

2.2 位相空間と図形の数量化

2.2.1 位相空間

　デカルトによって発明された座標平面，座標空間は，ニュートンという大天才によって，自然界のすべての運動を座標上の数学的操作に還元し得る**位相空間**へと発展させられた．位相空間とは，物体の位置と運動量を座標とした多次元空間であり，物体の運動状態を記述するのに絶大な威力を発揮するものである．そしてさらに，位相空間は，物体の運動状態を単に記述するだけでなく，それを予測するものでもある．実は，この"予測"という能力が科学に絶大な力を与えることになったのである．ニュートンの位相空間は，まさに"科学的な地図"となった．

　われわれはデカルト座標によって，空間内の物体の位置を数量的に，正確に記述できるようになった．しかし，自然界に不動のものは存在しない．運動している物体は瞬間瞬間において，その位置を変えているのである．つまり，現実的な物体を扱うためには，時間変換に伴ない連続的に変化する物体の位置を示す座標が必要である．つまり，デカルト座標に"時間軸"を導入しなければならない．その結果，物体が時間と共にどのように動き，どのように変化したかを描けるし，また"未来の時間"を考慮すれば，どのように動き，どのように変化するかという"予測"をすることができるのである．

■時間と位置

　アインシュタインの相対性理論が登場すると話がややこしくなるが，われわれはみな，過去から未来へと移る時間の中を通り抜けていると考えられる．過去が再び訪れることはないし，通常は，物体によって時間の進み方が異なるということもない（光速に近い速さで運動する物体においては話が少々厄介になるのだが）．時間の尺度を空間と同じようにとり，物体の位置の時間的変化を示したのが図2.14である．座標は位置と時間を表わすのに使われている．

　物体Aは，時間が経っても同じ場所に静止している．ところが物体B, B′は止まることなく一定の速度で動き続けている．物体Cはどのような運動をしているのだろうか．このような軌跡に見覚えはないか．記憶力のよい読者は，図1.2に示した自由落下する物体を思い出すのではないだろうか．実は，図2.14

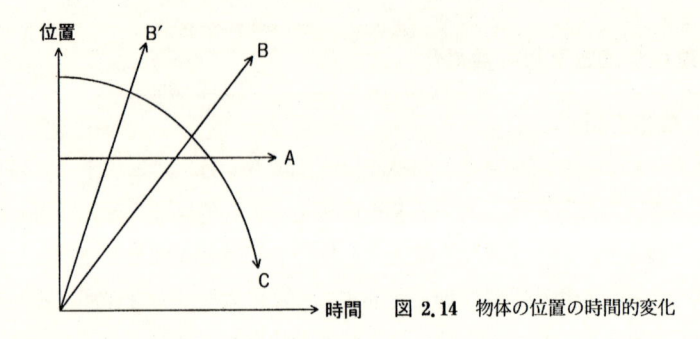

図 2.14 物体の位置の時間的変化

のCは，図1.2「落下距離」を「位置」に描き直したものである．

こうして，われわれは，物体が時間と共にどのように動き，物体の位置がどのように変化したかを描けるようになった．しかし，これは，未来を予測するには不十分であったし，すべての物体に普遍的に適用できるものではなかったのである．

■運動量の導入

ニュートンは，**運動量**という新しい座標を導入することで，デカルト座標をさらに飛躍的に拡張した．

重い物体と軽い物体が，ある物体に衝突した時，それらの**速度**が同じでも，ある物体に与える衝撃は異なる．例えば，大きなダンプカーと小さなバイクが同じ**速さ**で正面衝突した場合，バイクが受ける衝撃は圧倒的に大きい．それは，重い（質量が大きい）物体の方が大きな運動量を持つからだという．

ところで，1.1節で「速度」と「速さ」の意味が互いに異なるということに簡単に触れたが，ここで両者の違いをはっきりさせておこう．

式 (1.6) で"速度"を示したが，実は厳密には式 (1.6) は"速さ"を示すものである．速さに，**運動の方向**を考慮したものが**速度**である．自動車の運転席には"速度計"があり，例えば"時速60 km"などという表示をするが，表示されるのはあくまでも"速さ"であって速度ではない．真北に時速60 kmで進む時と真南に時速60 kmで進む時は"速さ"は同じであるが"速度"は同じではない．同じ速さで曲線道路を進む時，方向は常に変化しているわけだから，速度は常に変化している．したがって，あの計器は正しくは"速さ計"と呼ばれるべきものである．

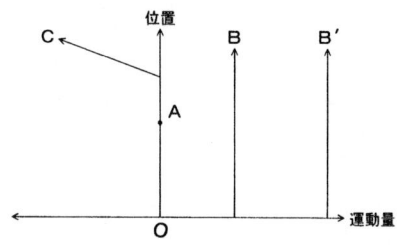

2.2 位相空間と図形の数量化　　　　　　　　　55

図 2.15 位相空間図（位置と運動量の座標）

さて，運動量とは，運動における慣性で，具体的にいえば，その物体の「質量」と「速度」の積のことである．したがって，上述の時速 60 km で真北に向っている車（物体）と同じ速さで真南に向っている車（物体）は互いに逆の運動量を持つことになる．

デカルトは物体の位置を示すのに図 2.7 に示したような 3 つの位置座標（空間座標）を導入した．さらに，ニュートンは，物体の動きを決めるのに 3 つの運動量座標を必要とした．つまり，物体の位置と運動を完全に記述するためには 6 座標を含む 6 次元空間が必要となる．そのような空間は実在しないが，そのようなことは重要な問題ではないのである．位置と運動量の座標を使えば，物体のあらゆる瞬間の位置や速度（速さと方向）を示すことができるのである．それが実質的に 6 次元空間であり，位相空間と呼ばれるものである．

図 2.14 の物体 A〜C の位置と運動量との関係を，位相空間図で表わせば図 2.15 のようになる．物体 A はある位置に静止している（速度＝0）から運動量は 0 である．B は一定の速度（運動量）でゆっくりと動いている．B′ は B より大きな一定の速度（運動量）で動いている．また，自由落下する物体 C は一定の加速度（g）を受け，運動量を増加させながら運動を続けている．

このような位相空間の発見によって自然は「対象化」され，近代科学者たちは，どんな事象も分析，論理的解析，予測，制御できるという自信を深めたのである．

2.2.2　図形の数値化

デカルト座標によって平面と空間が数量化され，ニュートンの位相空間によって近代科学がスタートしたといってもよい．そういう意味で，デカルト座標

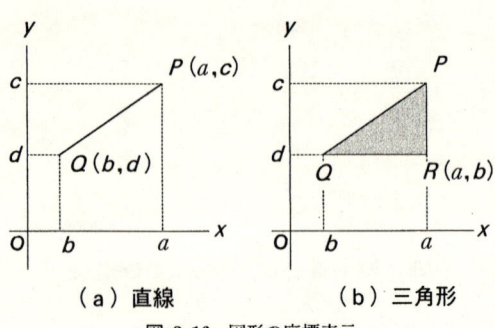

```
   y                          y
c ┆       P(a,c)           c ┆       P
  ┆      ╱│                  ┆      ╱│
  ┆     ╱ │                  ┆     ╱▓│
d ┆   Q(b,d)               d ┆   Q──R(a,b)
  ┆    ┆  │                  ┆    ┆  │
O ┆────b──a──x             O ┆────b──a──x

    （a）直線                （b）三角形
```

図 2.16 図形の座標表示

　は偉大な発明なのである．さらに，空間のすべての点を座標で表わすという概念は，図形の数値化をも可能にした．ちょっと大袈裟な言葉を使えば，幾何学と代数学との融合をもたらしたのである．このことが次章で詳述する関数という概念，そして，そのグラフ化という，まさに，自然界の諸現象を理解するのに画期的な手法へとつながるのである．

　以下，本章を終えるにあたり，また次章の下準備として，図形の数量化について簡単に触れておきたい．

　例えば，図 2.16(a)に示す**線分** PQ を考える．両端の点 P，Q をそれぞれ (a, c)，(b, d) という座標で表わすと線分 PQ の長さ，つまり点 PQ 間の距離 D_{PQ} はピタゴラスの定理より

$$D_{PQ} = \sqrt{(a-b)^2 + (c-d)^2} \qquad (2.11)$$

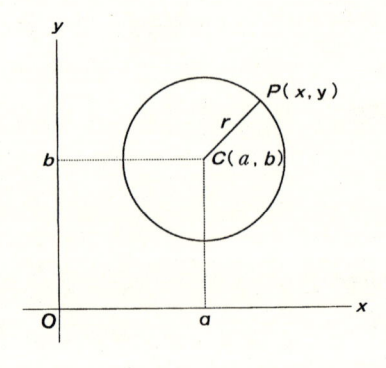

```
       y
       ┆       ╱⌒╲
       ┆      ╱    ╲P(x,y)
       ┆     │   r ╱│
    b ─┤     │  ╱   │
       ┆     │╱C(a,b)│
       ┆      ╲    ╱
       ┆       ╲__╱
       ┆        │
    O ─┴────────a────────x
```

図 2.17 円の座標表示

で表わされる．

また，図2.16(b)に示すような直角三角形を考えれば，その面積 S_{PQR} は

$$S_{PQR} = \frac{1}{2}(a-b)(c-d) \tag{2.12}$$

で与えられる．

また，例えば円のような図形も図2.17に示すように座標平面状に描けば

$$(x-a)^2 + (y-b)^2 = r^2 \tag{2.13}$$

という方程式を満足する点 P の**軌跡**（座標群）として表現されるのである．

チョット休憩● 2

デカルト

　試みにデカルト（René Descartes, 1596—1650）を人名辞典，哲学・思想辞典などで調べてみると「フランスの哲学者，数学者，貴族，軍人」などと紹介されている．事実，デカルトは「我思う，ゆえに我あり（Cogito, ergo sum）」の言葉で有名な哲学者であり，また本章で述べたような天才的数学者であったばかりでなく，王侯貴族としても軍人としても多忙な生活を送ったようである．彼は「私が欲しいのは平穏と休息だけだ」という言葉も遺している．

　デカルトの生涯や著作については他書（例えば，野田又夫編『デカルト』中公バックス，1978）に任せるとして，近代科学革命の思想的指導者としてのデカルトについて簡単に触れておきたい．ちなみに，近代科学革命の最大の実践的貢献者は間違いなく，本章にもしばしば登場したニュートン（〈チョット休憩●4〉参照）であろう．

　自然を機械とみなすことによって，人間が自然の力を手段として，あるいは道具として利用することを可能にする．これがデカルトの思想，つまり「機械論的自然観」が推進した"近代科学"の態度であり，科学が自然を「支配」し，利用する技術を生むことになったのである．事実，人類はこの時以来今日まで数世紀にわたり科学と技術の「果実」を謳歌してきたのである．"近代科学"発祥の地・西欧から遠く離れたこの日本でも，19世紀末から，その"おこぼれ"にあずかっている．

　ともあれ，ベーコンの「自然支配の理念」とデカルトの「機械論的自然観」

が思想的推進力となり，18世紀の「産業革命」を経て，今日の巨大な科学・技術文明を築きあげてきたことは確かである．つまり，革命的な科学の発展には，その土台となるべき科学が必要であることはいうまでもないが，それに加え"推進力"となる思想が不可欠だったのである．

　実は，中国（シナ）では，ヨーロッパで「産業革命」が起こる何百年も前に，産業革命に必要なすべての技術を発明していた．にもかかわらず，中国で"近代科学"が生まれることはなかったし，産業革命も起こらなかったのは，それを推進する「思想」に欠けていたからである．

　それでは，なぜ，中国にはそのような「思想」が欠けていたのか．この点について興味のある読者は志村史夫『文明と人間』（丸善ブックス，1997）を読んでいただきたい．

■演習問題

2.1　絵画技術史における遠近法の発明の功は何か．また，罪があるとすれば，それはどのようなことか．論ぜよ．

2.2　古代都市・西安や平城京の条坊は明らかに座標平面の"源"と考えられるが，中国（シナ）や日本でデカルト座標平面や座標空間の概念は生まれなかった．それはなぜだろうか．考えてみよ．

2.3　自然科学におけるデカルト座標の画期性について説明せよ．

2.4　ニュートンの位相空間の画期性について説明せよ．

3 関数とグラフ

　これまでの章で，自然界の現象と数学との関係やさまざまな種類の"数"，そして，それらの考え方，実例について学んできた．例えば，図1.9は物体が自由落下する場合の落下時間と落下速度との関係を示すものであった．その図からは，落下時間と落下速度との間には，明らかに一定の"関係"が見出せる．つまり，落下時間を t とし，落下速度を v とすれば，v は t の値によって決まる．このように，変わっていく数(**変数**) t があり，もう一つの変数 v が t の値によって定まる時，v は t の**関数**であるという．関数で表わされる"変数"間の関係は，グラフで示すことによって，より一層はっきりする．その例は，すでに，図1.2や前述の図1.9に示されている．

　本章では，まず，さまざま種類（形）の関数について触れ，それらをグラフで示すことによって視覚的に理解することを目指す．それは，自然界のさまざまな物理的現象を理解し，その法則を見出す上で非常に大きな力を発揮するものである．"関数とグラフ"は，物理数学の，まさに真髄でもある．

3.1 関数の導入

3.1.1 物体の運動の表現

■解析幾何学

　前章で述べたように，人間は古くから図形を使っていろいろな考えを表現したり，深めたりしてきた．その証拠の一つに，エジプトのピラミッドやギリシアのパルテノン神殿などの古代建造物に設計図があったことが挙げられる．また，古代ギリシア人が幾何学の才能に恵まれていたことは，その最高傑作としてのユークリッド（前300頃）の「幾何学」が，アラビア人を通して近代の数学者に多大の影響を及ぼしたこと一つをとっても明らかである．

　幾何学と初歩的な代数学の長い時代を経て，前章で述べたようにデカルトが「解析幾何学」つまり「幾何学の対象であった図形を座標を用いることで数値的に表現して，代数学，解析学に結びつける学問」に思い至ったことは，簡単にいえば，人間が図面，図形を数値に変換する方法を発見したということである．これは，後の数学の発展，数学の物理学への利用のことを考えれば，極めて偉大な発見，発明であった．しかし，それだけではまだ，本章で述べる"関数"には到達できない．

■座標軸内の運動曲線

　さて，われわれにとって身近な物体の運動を例に，関数について考えてみよう．

　部屋の中に迷い込んだ虫が飛ぶ様子や飛行機が大空に残す飛行機雲を目で追っていると，いつの間にか飛行曲線のようなものが描けることに気づくだろう．これは図3.1に示すように，複雑な曲線の場合もあれば，ほとんど直線の場合もある．

　図3.1に示す飛行機の運動曲線（飛行曲線）を，x-y直交座標軸における飛び飛びの点だけをx-y座標で数値化すれば表3.1のようになる．この場合，基準としてx座標の数値を選べば，飛行曲線において一つのx座標に対してy座標が一つだけ決まる．このようなyはxの**一価関数**である．

　ところが，虫の複雑な飛行曲線の場合は，同じ(x, y)座標に対応する高さ方向の座標が2個以上存在する．すなわち，x-y平面上に限れば，yはxの**多**

3.1 関数の導入

図 3.1 虫と飛行機の運動曲線

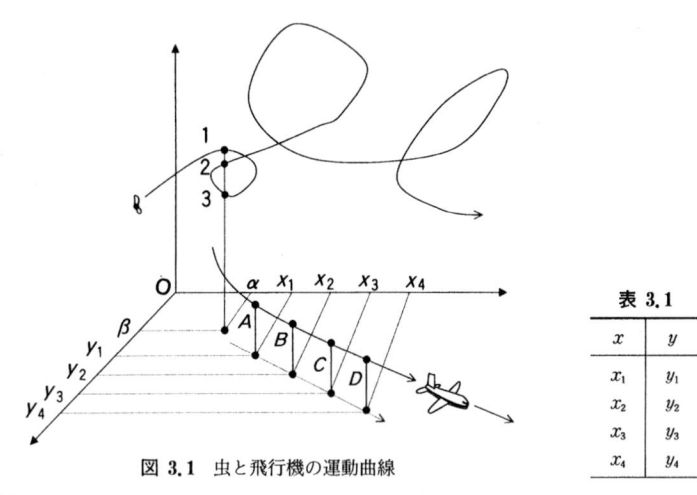

表 3.1

x	y
x_1	y_1
x_2	y_2
x_3	y_3
x_4	y_4

価関数である.

しかし,いま述べた飛行曲線の x-y 直交座標面上での表現は,前章で述べた遠近法の場合と同じように,本当のものではない.空や天井に写しとられた曲線の影のようなものである.本当の曲線を表わすためには,図 3.2 のように,高さ方向の座標軸(通常,z 軸)を導入しなければならない.そのような 3 次元 x-y-z 直交座標系を用いれば,飛行物体の飛行の各瞬間の位置を一点に確定することができる.つまり,その意味では確かに一価関数と呼んでもよいように思われる.

ところが,このことも厳密に考えると少し怪しくなる.例えば,図 3.3 の点 A, B のように,もし,x-y 平面上のある点 P で正確に重なる飛行が行なわれた場合はどうなるのであろうか.ここで重要になるのが,表現したい関係において"**変数**"は何かという定義を正確に行なうことである.

つまり,飛行曲線(より一般的にいえば,"図形で表現されたもの")を数値化する作業では,少なくとも「変数」と,それで表現される「数値(**関数**)」を正確に認識することが必要になる.そのような"関係"がきちんと決められることによってはじめて,変数と関数が理解できるのである.

■関数

通常の関数とは,読者のみなさんが中学校や高校で学習してきたであろう

$$y = f(x) = x, \ x^2, \ x^3, \ \cdots \tag{3.1}$$

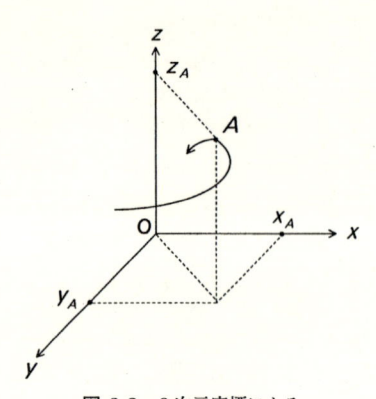

図 3.2 3次元座標による
飛行曲線の表現

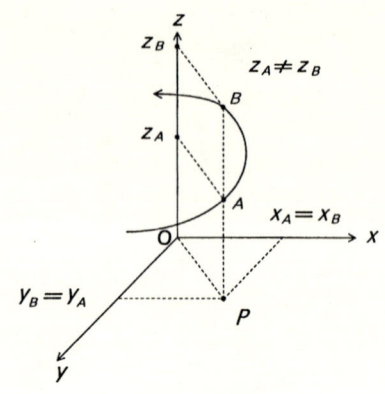

図 3.3 3次元座標における
"多価"飛行曲線

のような表示のものである．

　ここで，$f(x)$ と表現した"f"は英語の"function（はたらき，機能）"の頭文字であり，関数がまさに変数xに機能して，あるいは，はたらきかけて，その結果として値 y をもたらすということを意味する．

　いま図3.1〜3.3で述べたように「物体の飛行曲線」を座標で表現する場合，その運動の基準座標は，飛行を観察している「私」がかってに決めることになる．「私」にとって，その座標の**原点**は，飛行機については"地平線のある地点"でもよいし，虫の飛行については"部屋の隅にある柱の根元"でもよいわけである．それらの原点から2次元（平面）あるいは3次元（空間）の直交座標を考えるのが普通であろう．

　例えば，3次元直交座標の各軸の値は一般的に

$$(x, y, z) = (a, b, c) \tag{3.2}$$

のように表現される．ここで，a，b，c は具体的な数値で，それは"単位長さ"の選び方で決まる．

　ところで，ニュートンが物体の運動の数値化を考えた時，とても深く悩んだ問題がここで顔を出すことになる．彼は，デカルトの「解析幾何学」に強く影響され，次章で述べる微分積分学を考え出した際にも，それが本質的には数学的な問題であるにもかかわらず，物体の運動の軌跡と微分積分学との関係を強

く意識し続けたのである．ニュートンは，本質的に物理学者として思考する人であった．つまり，彼が悩んだのは"時間"という存在である．

このことは，2.2.1項で"位相空間"としてすでに説明したことであるが，別の視点からもう一度簡単に述べておこう．

物体の運動には，"どの場所"つまり"どの座標位置"に存在するか，ということのほかに，必ず"いつ"存在するのか，あるいは"いつ"存在したのかという"時間"の問題が含まれることになる．つまり，2.2.1項で述べたように，「時間」は3次元空間内の運動における第4の変数として，どうしても必要になるのである．

ニュートンは当面の方法として，基準となる座標上の距離の単位として，ある基準時間（**瞬間**）内に移動する距離をとることで，座標上の距離に時間を直結させることにした．しかし，このことは，彼がその後も考えざるを得ない重大な問題を含んでいたのである．そして，その問題が多くの数学者によって研究されたことが，次章で述べる微分積分学の基礎を徐々に強固にすることに大きく寄与した．

3.1.2 関数発見の背景

これから具体的なさまざまな関数の説明に入るのであるが，その前に，物理学のみならず哲学的にも大きな転換をもたらすことになった思想を数式から導き出したデカルトやニュートンの時代的，思想的背景について簡単に触れておきたい．以下の説明の中に登場する関数の数学的表示については，とりあえずは深く考えていただかなくてよい．次節以下で具体的な関数を学習した後に，もう一度，本項を読んでいただくのが望ましい．

デカルトにせよ，ニュートンにせよ，彼らが研究を始めた頃のヨーロッパは，現在のわれわれからは想像が困難なほど"中世的"な状態にあった．つまり，彼のすぐ前の世代の先輩格のケプラー（1571—1630）の母親は"魔女裁判"にかけられたし，デカルトは常に宗教裁判にかけられる心配をしながら自分の研究の公表をしたり，しなかったりしていたらしいし，かのニュートンが錬金術に深い興味を持っていたことなどを考えると，彼らは現代とはきわめて異なる環境，すなわち"中世的"な時代に生きていたのである．

デカルトとニュートンが，現在にまで及ぶ思想上の大発見をしたとすれば，それはデカルトによる「空間」の意味の再発見であり，ニュートンによる「時間」の意味の再発見であろうと思われる．デカルトによって「空間を量的に扱うこと」と「量を空間で表現すること」が可能になったのであるが，これは，それまでの古代ギリシアの幾何学や自然哲学と比べて画期的なことであった．

また，ニュートンの伝記作者として現在最も評価の高いウェストフォールが，ニュートンに対して「他の偉大とされる科学者の誰とも違った，まったく隔絶した能力の持ち主であるという印象を受ける」と書いているが (R.S. Westfall, "*The Life of Isaac Newton*", Cambridge University Press, 1993)，それはニュートンが大天才であるだけではなく，常人を超越した世界に生きていたという意味も含んでいると思われる．

したがって，ニュートンが

$$(x+h)^2 = x^2 + 2xh + h^2$$
$$(x+h)^3 = x^3 + 3x^2h + 3xh^2 + h^3$$
$$(x+h)^4 = x^4 + 4x^3h + 6x^2h^2 + 4xh^3 + h^4$$
$$\vdots$$
$$(x+h)^n = x^n + nx^{n-1}h + \cdots \tag{3.3}$$

の多項式，整級数展開に微積分のすべてが含まれているとした理由，発見の心理は，本質的には現代人には理解不能なのかもしれない．

ここに現われている各項の関数は，まさに，次節以下で具体的に述べようとする関数であり，少し複雑に見える理由は上式が多くの関数の和，つまり通常の名称としての「多項式」あるいは「整級数式」など呼ばれる形をしているからである．

これらの式のうち，上の3つを

$$(x+h)^2 = x^2 + 2xh + \cdots$$
$$(x+h)^3 = x^3 + 3x^2h + \cdots$$
$$(x+h)^4 = x^4 + 4x^3h + \cdots \tag{3.4}$$

のように切り取って示すと，不思議なことが見えてくるのではないだろうか．

3.1 関数の導入

高校で微分や積分を少しでも学習した経験のある読者は，何となく面白そうな部分が，これらの単純な多項式の中に含まれていることを感じるのではないだろうか．

左辺の h と右辺の第1項を無視して，これらの多項式を眺めていただきたい．詳しくは次章で述べるとして，ここではニュートンが，以上のような展開式の中に微分積分学のすべてが含まれている，といっていたことだけを指摘しておきたい．

一方，デカルトにとっては整式が重要であった．彼は小数と整式との類似性について考えた．つまり，あらゆる数字を"桁"に着目して表示してみると，例えば

$$153 = 1 \times 10^2 + 5 \times 10^1 + 3 \times 10^0$$
$$1.53 = 1 \times 10^0 + 5 \times 10^{-1} + 3 \times 10^{-2} \tag{3.5}$$

のようになる．

このことはすでに1.2.2項で示したことであるが，これを拡げれば

$$y = a \times x^2 + b \times x^1 + c \times x^0$$
$$y' = a \times x^0 + b \times x^{-1} + c \times x^{-2} \tag{3.6}$$

という整式が現われることが納得できるだろう．

次節以下で述べる種々の関数の一つ一つが不思議なほど多くの物理的内容を表現していることはデカルトやニュートンも認識していた．したがって，それらの集合体（和と差）によって構成されるものの中に宇宙，自然界の秘密の多くが封じ込められていると，彼らは確信していたのであろう．

ここで，もう一つ指摘しておかなければならないのは，ギリシア時代の思想（自然哲学）の特徴が〈静止〉にあるとすると，デカルト，ニュートン以後の近代ヨーロッパで芽生えた思想の特徴が〈変化〉にあるという点である．このことは，少し追加説明が必要かもしれない．つまり，簡単に述べれば，次章で学ぶ微分・積分の内容に何か思想上の本質的な発展あるいは転回があるとすると，それは変化がなく，静止している「関係」だけの世界観から，動的，ダイナミックに変化していく世界観に飛び移った点にあるといえそうである．

さて，いよいよ，具体的な，種々の関数について学ぶことにしよう．

3.2　n 次関数

3.2.1　1次関数

■一般形

1次関数の一般形を整式で表示すれば

$$y = f(x) = ax + b \tag{3.7}$$

となる．ここで a, b は定数であり，変数 x について数値 y が定義される．つまり，変数 x を a 倍して，それに定数 b を加えれば数値 y が決まるということである．これをグラフで表わせば図 3.4 のようになる．図中には，この関数の基本形である $y = x$ という関数のグラフも示してある．

この関数で表示される物理現象はたくさんある．図 1.9 に示した自由落下時間（t）と落下速度（v）との関係がまさしく

$$v = f(t) = gt \tag{1.15}$$

であった．また，図 3.1 に示した飛行機の飛行曲線を理想化（微小な振動やわずかな曲りを無視）した直線も式 (3.7) で表わされる図 3.4 のような直線になるだろう．

ある特定の方向にまっすぐ移動している物体は x-y 平面上で直線的な運動をする．したがって，その物体の位置は基準となる軸，この場合は x 軸の位置（座標）が決まれば一義的に y 軸上の座標も決まる．上記の式 (1.15) では，x

図 3.4　1次関数のグラフ

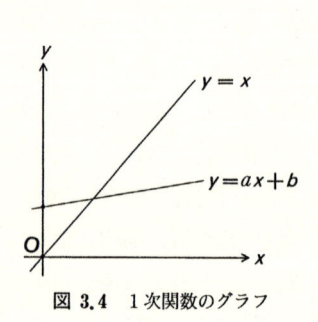

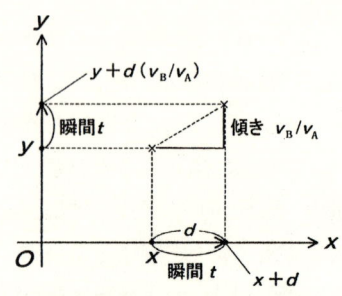

図 3.5　運動する2物体A，Bの相互関係を表わす傾き

3.2 n 次関数

座標が時間 t, y 座標が速さ v に対応しているわけである.

1次関数の第一の特徴は, "傾き" a が一定で, x のどのような変化量 Δx に対しても, y の変化量 Δy が正確に $a \times \Delta x$ となることである. この "傾き" というものについて, もう少しニュートン流に考えてみよう.

図3.4の $y=ax+b$ が示すように, x 軸の小さな変化に対して y 軸上の変化量を対応させると, この関数の傾き a が決まる. 次章で詳しく論じるように, ニュートンの考え方では, 図3.5に示すように, x 軸上を移動している物体Aの微少な移動が, "瞬間" の時間 t に起こると定義して, その瞬間移動距離を d とする. そして, その物体Aの速度 (速さ) v_A は x 軸方向に $v_A=d/t$ と表示できる. この x 軸を基準軸として, 別の物体Bが速さ v_B で y 軸方向に移動しているとする. ここでは, AとBの運動の始点 (原点) が一致していると考える. これらの物体A, Bが運動する場を直交する x-y 平面で表わすとすると, 物体Aが $x+d$ だけ移動する間に, 物体Bは $y+d(v_B/v_A)$ だけ移動することになる. このように考えると, AとBの2物体について運動の相互関係を表わす曲線の傾きが v_B/v_A として現われる. ここで, 1次関数とは, この値 v_B/v_A が一定の運動をする物体AとBの相互関係を表示するものである, と考えることができるのである.

以上の説明を, 何だか, 簡単なことをわざと複雑に考えているのではないか, と思った読者も少なくないだろう. しかし, ニュートンの考え方の根底には, 図形, 曲線, 関数などというものは, 運動する物体間の相互関係を表わそうとするときに現われる, という認識があったのである. そのことが, ニュートンのニュートンらしい考え方でもある.

いずれにしても, ニュートンの時間と運動との相関についての巧妙な取り扱い方が, ここに現われている. つまり, 「絶対」時間という「伸び縮みしない」時間 t の経過する間に物体が移動する距離を運動の基準として, 2物体の相対運動を表現していく方法である.

ここで, 上記のニュートンの考え方を再度, 簡単な言葉で説明すれば, 「物体Aは速度 v_A で x 軸上を直線運動し, 物体Bは速度 v_B で y 軸上を直線運動すると, それらの相互関係を表わす直線は1次関数であり, その傾きは v_B/v_A になる」ということになる.

図 3.6 双曲線

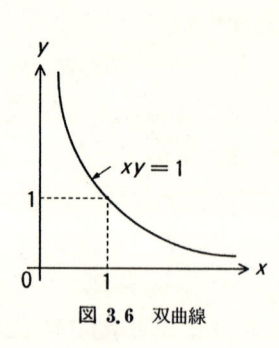

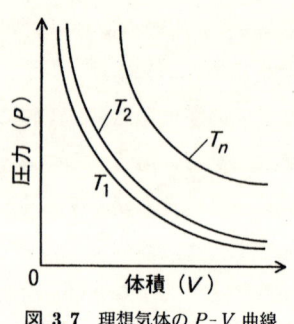

図 3.7 理想気体の P-V 曲線

　ニュートンの考え方の，より詳細な検討は次章で行なう．ともかく，1次関数は簡単なように思えて重要な存在である．物理現象，例えば物体の運動を表わすあらゆる曲線（図3.1参照）に高校の数学で学んだ「接線」を引くことは，力学の「速さ（速度）」を考えることに相当する．それは，その運動曲線のある点について接線として定義される1次関数を考えることと深く関係しているからである．

■双曲線

　双曲線は円錐曲線の一種で，その一つは図3.6に示したような形をしている．ある意味で，1次関数と関連深い関数なので，ここでとりあげることにする．

　なお，「双曲線関数」というのは，まったく別の"ハイパボリック・サイン($\sin h(x)$)"とか"ハイパボリック・コサイン($\cos h(x)$)"という三角関数に関連する関数なので注意が必要である．

　図3.6に示す双曲線を数式で表現すれば

$$xy = 1 \tag{3.8}$$

である（実際は，図3.6の x-y 直交座標の第3象限にも，もう一つの双曲線が存在するが，それは描いていない）．

　このような関数は，物理学のいろいろな場面で現われてくる．例えば図3.7は熱力学に登場する気体の圧力（P）と体積（V）との関係を示すもので，これは

$$PV = nRT \tag{3.9}$$

という**理想気体の状態方程式**で表わされる．ここで，n は考えている気体のモル数，R は気体定数，T は温度である．式(3.9)は熱力学における基本式ではあ

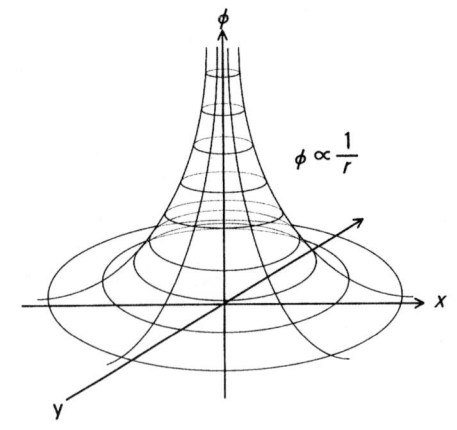

図 3.8 静電ポテンシャル(ϕ)の摸式図

るが，通常，温度と気体量を一定として考える場合が多いので，簡単に右辺を定数 C として

$$PV = C \tag{3.10}$$

となり，これは式 (3.8) と同型の双曲線型の関数である．式 (3.10) と図 3.7 が意味することは，気体の圧力を増すと体積が減少し，体積が増すと圧力が減少する，という極めて直感的に理解しやすいものである．

この型のもう一つの代表的な物理量は，電磁気学に登場する静電ポテンシャル，すなわち電位である．点電荷が形成する静電場から求められる電位 ϕ は，図 3.8 に示すような形で，電荷からの直線距離 (r) に逆比例 ($\phi \propto 1/r$) して減衰していく．つまり C を定数として

$$\phi r = C \tag{3.11}$$

という双曲線型の関数になる．

3.2.2　2次関数
■一般形

中学校で学習した2次関数，2次方程式には強い印象がある読者が多いと思われる．2次関数の一般形は

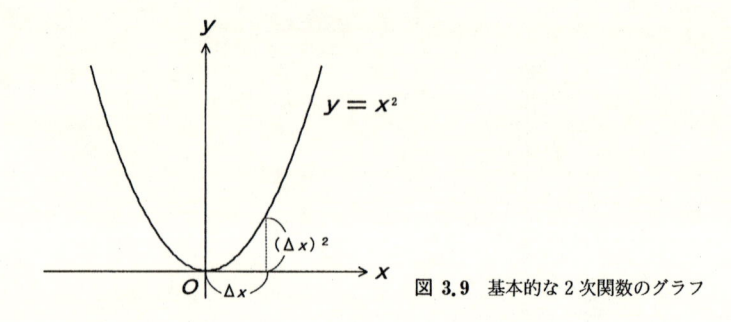

図 3.9　基本的な2次関数のグラフ

$$y = ax^2 + bx + c \tag{3.12}$$

で表わされる．ここでも1次関数の場合と同様に，x が変数で a, b, c は定数である．

最も単純な2次関数 $y = x^2$ のグラフは図3.9のようになる．式 (3.12) の定数 a, b, c がいろいろな値をとることで，このグラフが平行移動したり，幅が広く，あるいは狭くなったり，上下が反転したりするのである．しかし，2次関数 $y = x^2$ では，図3.9に示すように，x 座標の変化 Δx に対する y 座標の変化 Δy が $(\Delta x)^2$，つまり，$\Delta y = (\Delta x)^2$ という関係は常に保たれている．

この2次関数は，すでに図1.2に示した自由落下の現象に現われている．図1.2を，いかにも"落下"らしい図3.10に描き直して2次関数について考えてみよう．

落下の方向に $-y$ 軸をとれば，落下開始から t 秒後の平均落下速度は，式(1.10) から $-(1/2)gt$ と考えることができる．その平均速度で t 秒間落下したのだから，落下距離は，式 (1.14) でも示したように，$-(1/2)gt^2$ になる．

x 軸方向に等速度 v で運動を始めた物体について，x-y 座標 (x, y) と時間の関数としての運動にこだわって，t 秒後の運動体の位置を考えると，原点から見て

$$x = v_x t \tag{3.13}$$

$$y = -\frac{1}{2}gt^2 + v_y t \tag{3.14}$$

となる．これらの式から時間 t の因子を消去すると

図 3.10　自由落下の 2 次関数

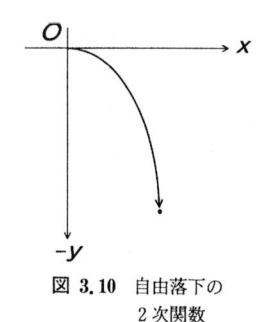

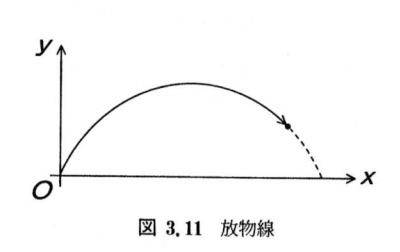

図 3.11　放物線

$$y = -\frac{g}{2v_x^2}x^2 + \frac{v_y}{v_x}x \tag{3.15}$$

が得られ，関数の形としては $y=-cx^2$ になる．このグラフは，図3.9の上下を反転させた形であり，その幅は，重力加速度 g と x 軸方向の速度 v_x から求められる定数 $c(=g/2v_x^2)$ で決まる．このグラフは，物体を投げ上げた時，その物体（放物）の軌跡の形（図3.11）と同じなので**放物線**と呼ばれるのである．実際の放物線の形は"放物"の初期条件によって異なるが，基本的には 2 次関数となる．

　2次関数は，ここで述べた放物線運動のほかにも非常に多くの物理現象に現われる．例えば，物体の面積や領域に関連したような現象である．なぜなら，それらは，距離 r の 2 乗，すなわち r^2 で表現されるものだからである．

■x^{-2} 関数の物理現象

　1次関数に関連して双曲線（$xy=1$）について述べたので，ここで，2次関数（$y=x^2$）と関連する $y=x^{-2}$ で表現される物理現象について述べておこう．

　この関数形で表現される物理現象の典型は，第 1 章で述べた万有引力の法則やクーロンの法則であり，それらは

$$F = G\frac{m_1 m_2}{d^2} \tag{1.3}$$

$$F = k\frac{Q_1 Q_2}{d^2} \tag{1.16}$$

という式で表わされた．これらの式はいずれも $F=d^{-2}$，つまり $y=x^{-2}$ の形になっている．

ここで、式 (1.16) で表わされるクーロン力 F について物理学的な観点とそれを表現する関数の観点の両者から詳しく考えてみよう。

式(1.16)の定数 k を物理的定数で書き直し、以下の議論の便宜上、d を r に書き換えると、式 (1.16) は

$$F = \frac{1}{4\pi\epsilon_0}\frac{Q_1 Q_2}{r^2} \tag{3.16}$$

となる。ここで、ϵ_0 は真空の誘電率である。

クーロン力について研究したファラデイ (1791—1867) は、一つの電荷 Q から外部の空間に放射状に**電気力線**（図 1.16 参照）が発生していることに気がついた。その電気力線を一つの物理的実在と認めれば、電気的な力はこの電気力線を通して伝えられると考えられることは、重力の場合と共に第1章で述べた。この電気的な空間のことを、マックスウェル（1831—1879）は**電場**と呼んだ。1.1節でも述べたが、"場"という概念は空間自体が"ある性質"を帯びる（持つ）という、それまでにはなかったまったく新しい考えである。電場 E は

$$E = \frac{1}{4\pi\epsilon_0}\frac{Q}{r^2} \tag{3.17}$$

で表わされる。この電場の断面を模式的に描いたのが図 1.16 だが、これを実際の空間らしく立体的に描き直したのが図 3.12 である。電荷 Q を囲む球状の面（等電場面）を考え、この面上の電場の総和 E_{total} を求めてみると、半径 r の球の表面積は $4\pi r^2$ なので

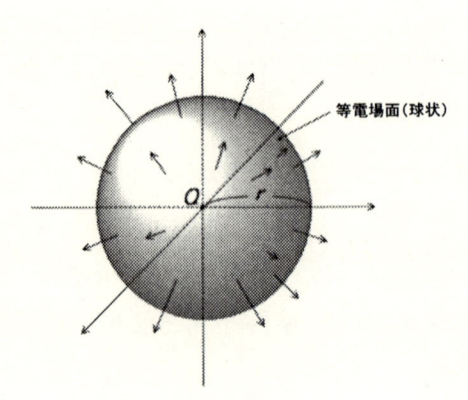

図 3.12　空間電場の模式図

$$E_{\text{total}} = \frac{1}{4\pi\epsilon_0}\frac{Q}{r^2} \times 4\pi r^2$$
$$= \frac{Q}{\epsilon_0} \tag{3.18}$$

となる．つまり，半径 r に関係なく，電場の総和は一定値になることが示される．この事実は，電磁気学では極めて重要であり，**ガウスの法則**と呼ばれている．式 (3.18) が意味すること（つまり，ガウスの法則）は「電荷 Q から発生した電気力線の数（図1.16参照）は増えも減りもしない」というものである．

ところで，この電場の定義式 (3.17) には一つの欠点がある．それは何だろうか．まず，読者自身で考えてみていただきたい．

つまり，距離 r がどんどん小さくなっていった場合の電場の大きさに関する問題である．

式 (3.17) を眺めれば明らかなように，$r \to 0$ の場合，電場の大きさ，別のいい方をすれば電気的な力の大きさはどんどん大きくなり，$E \to \infty$ と発散してしまうのである．実は，このことは，双曲線のところで述べた電位についてもいえることなのである．

それでは，式 (3.17) で表わされる電場は，実験的にはどの程度の距離まで正しいのであろうか．

現在までの実験結果によれば，$10^{-15}m$，つまり図1.26を参照すると原子の大きさの10万分の1程度，あるいは原子核の大きさの1/10程度までは式 (3.16) が成立するようである．

3.2.3 3次関数
■一般形

3次関数の一般形は $y = x^3$ である．物理現象において3次関数が現われるのは，その現象が物体の体積に関係するような場合である．

例えば，ある物理現象に関係する領域が半径 r の球だとすれば，その領域の体積は $(4\pi/3)r^3$ であり，この領域内部の物体が周囲の系全体よりも単位体積あたり a という絶対値で表わされる分だけエネルギーの低い状態にあるとする．この場合，エネルギーの代りに熱，あるいは温度という感覚的な，漠然とした

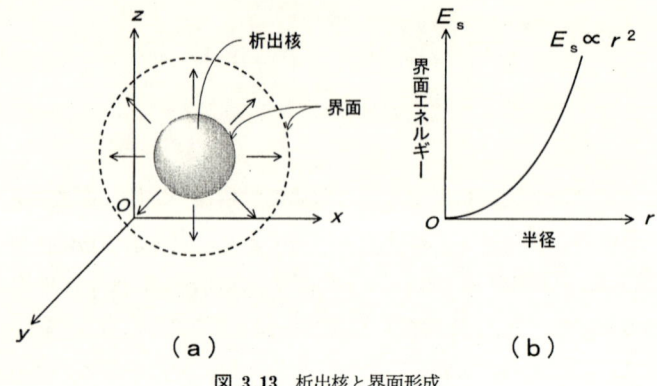

図 3.13 析出核と界面形成

イメージのものを考えてもよい．ともかく，その領域が存在することで，系全体のエネルギーは $a(4\pi/3)r^3$ だけ低下することになる．

多くの物理現象では，このように周囲の部分と異質の領域が形成されると，その表面，つまり周囲との界面部分を形成するエネルギーが必要となる．例えば，ある金属やセラミックスの相の内部に，別の相が**析出**する場合などのように，析出核の生成がそれにあたる．

そのような場合，図3.13(a)に示すように，球の内部と外部との界面を形成するエネルギーは界面の面積に比例すると考えられる．単位面積あたりの界面エネルギーを b とすれば，半径 r の球の表面積は $4\pi r^2$ だから，その球状領域の全界面エネルギー E_s は $b(4\pi r^2)$ となる．これは，新たに界面を作るために必要なエネルギーであるので，系全体としては増加エネルギーであり，図示すれば図3.13(b)のようになる．

結局，このような析出核が生成される時，系全体としては，上記のエネルギーの低下と増加を考慮すると

$$E = -a\left(\frac{4}{3}\pi r^3\right) + b(4\pi r^2) \tag{3.19}$$

のエネルギー変化が生じることになる．式（3.19）の定数部分を簡略化して書き直すと，このような領域を形成するエネルギーは

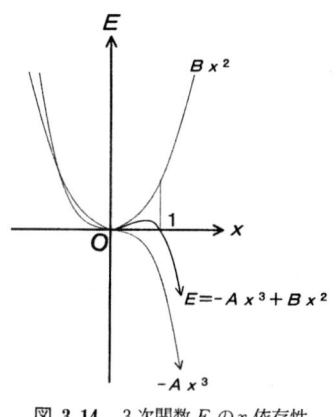

図 3.14　3次関数 E の x 依存性 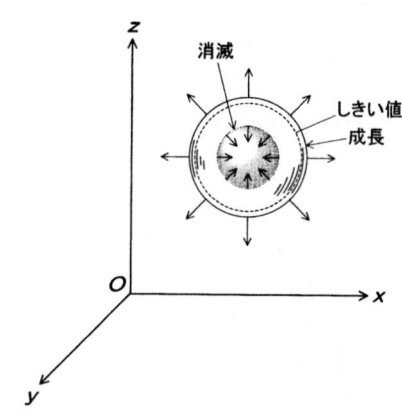　　図 3.15　析出核の成長と消滅

$$E = -Ax^3 + Bx^2$$
$$= x^2(B - Ax) \tag{3.20}$$

という3次関数の一般形で表わされる．

式(3.20)の x に具体的に数値を代入してみると，xの値が小さい($x<B/A$)場合は，常に $x^2 > x^3$ である．つまり，図3.14に示すように，x が小さな値のうちは第2項の $+Bx^2$ が優勢であり，全体のエネルギーは増加する．しかし，x の値が B/A を超えるとエネルギーは減少することになる．

このことを物理的にいえば，図3.15に示すように，ここで論じているような小さな体積の領域が形成される場合，はじめは界面の形成が領域の形成を不利にするが，あるしきい値（上記の説明では $x=B/A$）を超えると，領域が大きくなるほどエネルギー的に有利になり，領域は成長していくことになる．

■3次関数の物理現象

このように，3次関数は2次関数などと組み合わされて，物理現象を定量的に説明する上で重要な役割を演じる．

3次関数が現われる物理的現象のもう一つの例を考えてみよう．

それは，双曲線の項でも触れた熱力学における気体の状態方程式に関係する．少し複雑に感じられる読者も多いと思われるが，この方程式は歴史が古いせいか，かなり深い内容を盛り込んだ形で展開されている．

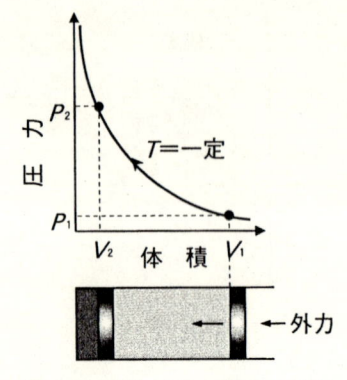

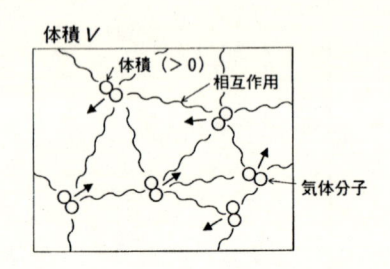

図 3.16 気体の圧力と体積との関係　　図 3.17 気体分子の大きさを考慮した気体の体積

　理想気体の状態方程式が，1モルの気体(気体分子が約 $6×10^{23}$ 個存在する集団)について，以下のように表現されることはすでに述べた．

$$PV = RT \tag{3.9'}$$

　これは，温度 T が決まれば，気体の圧力 P と体積 V の積が一定に保たれることを意味する．この状態方程式が成り立つ場合，図 3.16 に示すように，温度を一定に保って変化を調べると，圧力が増せば体積は小さくなるし，体積が増せば圧力は小さくなる．なお，理想気体とは「分子間に相互作用がない気体分子集団」のことである．
　次に，より現実的な気体分子の運動について考えてみよう．
　つまり，まず，図 3.17 に示すように，気体を構成する分子の大きさと分子間の相互作用を考えるのである．これらを考慮すると，気体分子が実際に動き回れる体積は，気体分子自体の全体積 a を差し引いた $(V-a)$ であろう．したがって，式 (3.9') は

$$P(V-a) = RT \tag{3.21}$$

と書き改められ

$$P = \frac{RT}{V-a} \tag{3.22}$$

が得られる．

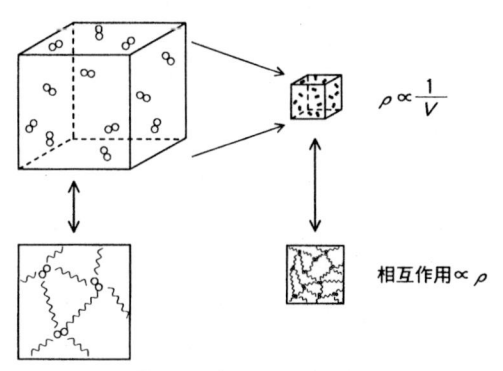

図 3.18 気体分子の相互作用

さらに考慮すべきは，図3.18に描くように，そもそも気体の圧力は構成分子の密度 ρ に比例（$P \propto \rho$）し，密度は体積に反比例（$\rho \propto 1/V$）することであり，また分子間の相互作用の大きさも分子の密度にほぼ比例するということである．つまり，分子間に引力が働く場合，圧力の減少は密度の2乗に比例（体積の2乗に反比例）して起こることになる．以上のことを考慮して数式で表現すれば，式 (3.22) は

$$P = \frac{RT}{V-a} - \frac{b}{V^2} \tag{3.23}$$

となる．ここで，b は分子間の相互作用の大きさや分子種による圧力に及ぼす影響の違いに関係する定数である．この状態方程式を変形すると

$$\frac{PV^2 + b}{V^2} = \frac{RT}{V-a} \tag{3.24}$$

となり，これをさらに変形すると

$$V^3 - \left(a + \frac{RT}{P}\right)V^2 + \left(\frac{b}{P}\right)V - \frac{ab}{P} = 0 \tag{3.25}$$

というやや複雑な三次方程式が現われる．これは，V についての

$$V^3 + AV^2 + BV + C = 0 \tag{3.26}$$

という三次方程式になっている．

物理的にいえば，式 (3.25) は通常，温度 T を変化させた場合の P-V 曲線

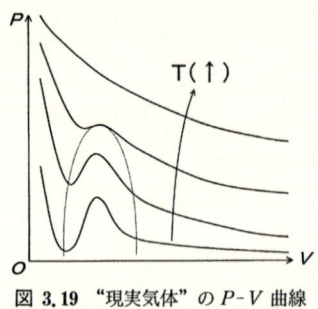

図 3.19 "現実気体"の P-V 曲線

図 3.20 双極子が形成する電場

の変化を考えるために使われる．式 (3.10) が適用できる理想気体の場合については図 3.7 に示したのであるが，上記の"現実気体"の状態方程式の場合は，図 3.19 に示すように，体積が小さな領域で極小圧力を示すような関数形になっている．このような極小（あるいは極大）が現われることは 3 次関数の特徴の一つであるが，上記の現象の場合，それを物理的に解釈すると，温度がある限界よりも低い場合，体積の減少とともに分子間引力の効果が顕著になる P-V 領域が現われ，この分子間引力による圧力低下が観測され得る程度に大きくなるということである．

■x^{-3} 関数の物理現象

ここで，x^{-3} という関数が現われる物理現象についても簡単に触れておこう．

そのような物理現象の一例は，図 3.20 に示すような電気双極子が形成する電場である．点 P における電場の大きさを，距離 r の関数 $\phi(r)$ として表わせば

$$\phi(r) \propto \frac{1}{r^3} \tag{3.27}$$

が成り立つ．

また，式 (3.27) は，図 3.20 の電荷 $+q, -q$ を磁極 N, S に置き換えた磁気モーメントが形成する磁気ポテンシャルの大きさにも適用できる．

3.2.4　4次関数
■一般形

4次関数,特に,その最も単純な形である

$$y = x^2 \cdot x^2 = x^4 \tag{3.28}$$

のグラフを図3.21に示す.

図3.21に示される $y=x^4$ のグラフを眺めると,それは一見,$y=x \cdot x=x^2$ の2次関数に似ているように思える.しかし,

$$2 次関数 \quad y=(x-1)(x+1) \tag{3.29}$$
$$4 次関数 \quad y=(x-1)^2(x+1)^2 \tag{3.30}$$

で考え,図3.21の中に描いてみると,それらの間に大きな違いが現われてくる.それらは共通して $y=0$ の時,x 座標の $x=1, -1$ を通るが,2次関数には4次関数に現われるような極大,極小値が存在しない.

■4次関数の物理現象

4次関数によって表現される物理現象の例としては,「強誘電体における結晶構造の歪みの安定点」や「強磁性体が自発磁化を生じる際の磁化と全エネルギーとの関係」などが挙げられる.また,4次関数は,物理学にとって極めて重要な**相転移**と呼ばれる現象を一般化して扱おうとする場合にも現われてくる表

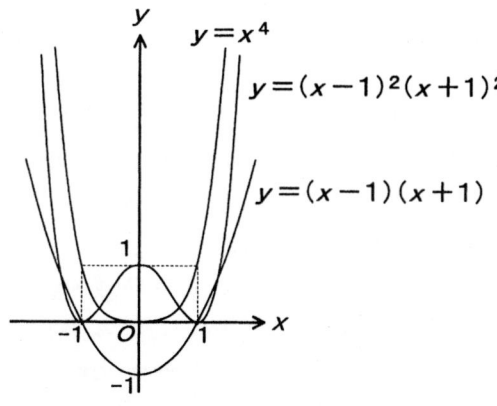

図 3.21　4次関数と2次関数のグラフ

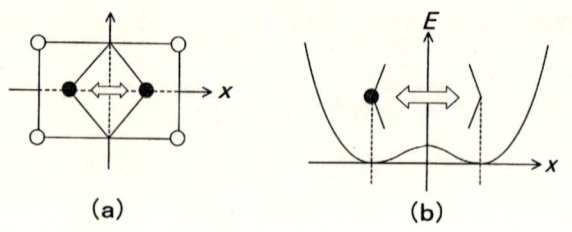

図 3.22　強誘電体の原子位置(a)とエネルギー(b)

現である.

　例えば,強誘電体結晶の中央の原子位置とエネルギーとの関係を図 3.22 に簡単に示す.よく知られているように,強誘電体では結晶を構成する原子位置の微妙な"ズレ"によって誘電性が変化するが,そのズレが原子配置の対称性を乱す場合に全体のエネルギーが低下する.単純な場合,図 3.22(a)に示すように,ズレが左右いずれの方向にあっても,同じようなエネルギー状態になる.原子の位置 x とエネルギー E との関係が図 3.22(b)に示されるのであるが,これはまさしく 4 次関数で与えられる関係なのである.

　以上,n 次関数の説明としては,4 次関数で終りにするが,それは,物理学のほとんどの分野で,それ以上の高次の方程式の必要性が認められないからである.

3.3　三角関数

■三角関数の一般形と変換

　すでに第 1 章,第 2 章で触れたように,物理学において,三角関数は振動や波動などの周期的運動を表現するために有用である.三角関数は,正弦 (sin) 関数,余弦 (cos) 関数,そして正接 (tan) 関数を基本としている.これらのグラフを図 3.23 に示す (cot については後述).

　さらに,$\sin^{-1}$, $\cos^{-1}$, $\tan^{-1}$ で表示される逆三角関数と呼ばれる関数や双曲線の項で簡単に触れた sin h, cos h, tan h で表示される双曲線関数も存在するが,これらはいずれも三角関数を基本とした関数群である.

　以下,第 1 章,第 2 章での説明と若干重複するが,三角関数とそれで表現さ

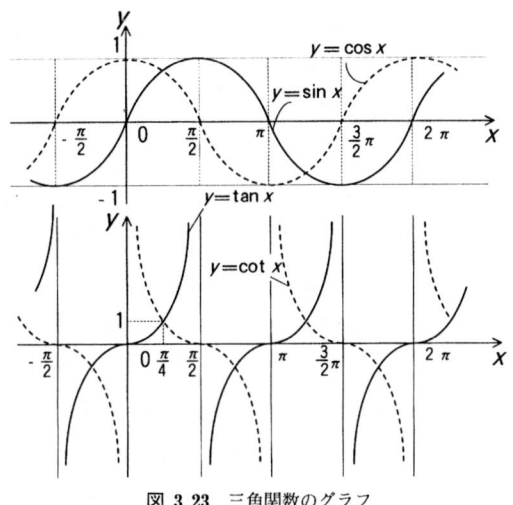

図 3.23 三角関数のグラフ

れる物理現象について述べる．

図 3.24（図 2.9 も参照）に示すような物体の回転運動などを考える際，回転角度を θ と表現すると，三角関数の $\cos\theta$ や $\sin\theta$ を用いて回転運動の各瞬間における物体の位置を表わすことができる．つまり，このような円運動は，2.1.3 項で述べたように

$$\left.\begin{array}{l} x = r\cos\theta \\ y = r\sin\theta \end{array}\right\} \tag{2.1}$$

のような座標変換で，三角関数に直交座標を用いた表現との互換性を持たせる

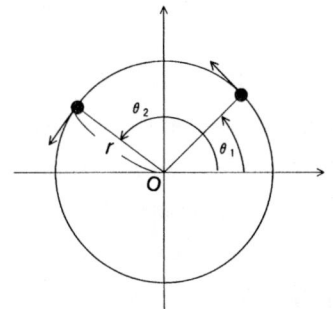

図 3.24 物体の回転運動

ことができる．また，図2.8に示したように，どちらの座標系を用いても平面上のあらゆる点を示すことができる．

図3.23を参照し，いくつかの基本事項を確認しておこう．角度 θ を角度 $2\pi n + \theta$（ただし n は整数）に変更しても三角関数の値に変化は生じない．つまり，$\cos\theta = \cos(2\pi n + \theta)$ であり，これは $\sin\theta$ や $\tan\theta$ でも同じことである．

いまさら記す必要はないと思うが，ラジアン表示の 2π は通常の角度表示の $360°$ に相当する．図2.8，2.9を見れば，2π の整数倍の角度を回転させることは，円上で1周（$360°$ 回転）することに対応することが容易に理解できるだろう．

また，図3.23を見れば，回転角が $\pi/2$ であった場合，つまり図中で，それぞれの関数を x 軸方向に $\pi/2$ だけずらしてみると，θ を $\theta + \pi/2$ へ回転することになり，sin 関数が cos 関数に，cos 関数が $(-)\sin$ 関数に，tan 関数は $(-)\cot$（コタンジェント）関数（$\tan\theta = B/A$ の時，$\cot\theta = A/B$ になる関数）に変化することが理解できるであろう．また，回転角が π であった場合，つまり $\theta + \pi$ の場合も結果は異なるが同様の変換が起こる．その結果については，読者自身が図3.23を見て考えていただきたい．

■三角関数の定理・公式

三角関数に関連して，自然科学のさまざまな分野で用いられる定理・公式がある．それらの公式のほとんどは高校までの数学に登場しているが，ここで少し復習しておこう．まず第一は"加法定理"と呼ばれるもので，sin 関数，cos 関数については

$$\sin(\theta_1 + \theta_2) = \sin\theta_1 \cos\theta_2 + \cos\theta_1 \sin\theta_2 \qquad (3.31)$$

$$\cos(\theta_1 + \theta_2) = \cos\theta_1 \cos\theta_2 - \sin\theta_1 \sin\theta_2 \qquad (3.32)$$

である．

加法定理が得られると，その結果の拡張によって，2倍角の三角関数（$\sin 2\theta$ など）や3倍角の三角関数（$\sin 3\theta$ など）を $\sin\theta$ と $\cos\theta$ で表示できるし，半角（$\theta/2$）についての公式や三角関数の和や差，積も互いに別の表現で表示できる．それらも高校の数学の復習として，演習問題などを通して確認しておくとよいだろう．

また，図3.25に示すような円に内接する三角形に関し，次のような公式もよ

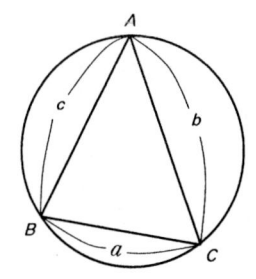

図 3.25 円に内接する三角形

く知られている．なお，以下の式で，R は円の半径，また $\sin A$ は $\sin \angle A$ の意味で，他も同様である．

$$\frac{a}{\sin A} = \frac{b}{\sin B} = \frac{c}{\sin C} = 2R \tag{3.33}$$

$$\left.\begin{array}{l} a = b\cos C + c\cos B \\ b = c\cos A + a\cos C \\ c = a\cos B + b\cos A \end{array}\right\} \tag{3.34}$$

$$c^2 = a^2 + b^2 - 2bc\cos C \tag{3.35}$$

これらの公式は上から正弦公式，第1余弦公式，第2余弦公式と呼ばれている．

3.4 指数関数と対数関数

■一般形

第1章ですでに説明したように，物理学に頻繁に登場する関数の代表がここで述べる指数関数と対数関数である．それらの一般形はそれぞれ

$$y = a^x \tag{3.36}$$

$$y = \log_a x \tag{3.37}$$

で，それらのグラフは図3.26に示される．式 (3.36) の中の x を**指数**（正確には**べき指数**），a を**底**（てい）と呼ぶ．

物理学で最も一般的なのは，$a = 10$ の場合で

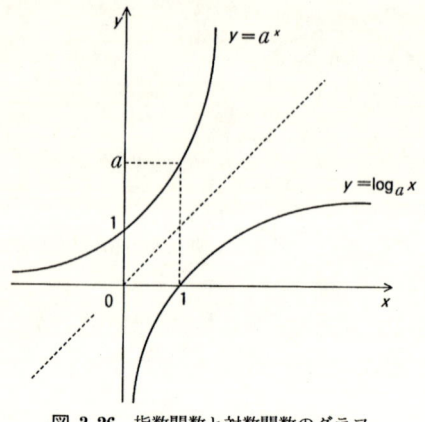

図 3.26 指数関数と対数関数のグラフ

$$y = 10^x \tag{3.38}$$

の時,

$$x = \log_{10} y \tag{3.39}$$

である.

　このような指数関数を用いることの利点は, 第1章で述べたように, 大きな数値を簡単に表記できることである. 例えば, 10000×1000 という掛け算の答えは, そのままでは 10000000 という表記になる. ところが, 指数を用いて $10000 = 10^4$, $1000 = 10^3$ とすると, 上記の計算は $10^4 \times 10^3 = 10^{4+3} = 10^7$ に変り, 積の計算が指数 (べき指数) の和になり, 極めて簡潔明瞭な表記になる. したがって, 熱力学に登場するアボガドロ数 ($\sim 6 \times 10^{23}$) のような膨大な数値を扱うには指数表示が不可欠であることは容易に理解できるだろう.

　上に述べた計算例はすでに指数関数の掛け算の方法を示しているのであるが, 1.2.2 項で述べた指数法則について復習しておいていただきたい. そこに記される一般的な規則が成り立つことは, $a = 10$ とおいて, m, n にいろいろな数値を入れて実際の計算をしてみるとよく理解できるだろう. ただし, もちろん, 必ずしも $a = 10$ に限る必要はない. $a = 10$ は, 10進法を用いる時に重要なのであるが, 前述のコンピューターの計算に使われる2進法においては $a = 2$ の場

合の指数関数が使われるのである．

■ "e" とネイピア

　さて，指数関数の話で忘れてはならないのは，第1章で予告しておいた記号"e"で表わされる数である．これは，さまざまな物理現象を説明する上で最も重要な役割を演ずる数である．この e を底とする対数，つまり $\log_e x$ を自然対数と呼び，$\ln x$ で表わすことは第1章で述べた．また，この e の値は，2.71828…と続く無理数であることもすでに述べた．この "e" が持つ"特別の意味"については4.2.3項で述べることにして，ここでは対数の発明者であり，"e" の生みの親とも考えられているネイピア（1550—1617）についての"余談"を述べる．"チョット休憩"のつもりで読んでいただきたい．

　ネイピアは16世紀の半ばにスコットランドの城に生まれた．つまり"卿"という称号を持つ家柄の生まれである．彼はセントアンドリュース大学（日本ではゴルフコースで有名）で学び，初期の関心は宗教，軍事，天文，航海術などで，数学の専門家ではなかった．しかし，それらの活動の後に，彼は三角関数と級数について，当時としては先端的な理解を得ていた．そして"対数"の研究に入ったのである．

　彼の発想には，もちろん指数（関数）の知識が基礎として存在していた．彼は，あらゆる数を"何らかの数"の指数で表わすことができれば，どれだけ大きな数の掛け算や割り算も，単なる足し算と引き算で表現できる，ということに気づいたのである．そして，現在から考えるとやや曖昧な1よりも小さな数を，その"何らかの数"として選んで，非常に多くの数値をその数 $(1-10^{-7})$ の指数計算で表わす数表作りを始めた．

　一説によると，そのような数表作りに20年間も費やしたようであるが，その計算がすべて手計算で行なわれたことはいうまでもない．計算内容自体は，現在の卓上計算機（電卓）で行なえば1日もかからないであろう量だが，重要なのは，そのような計算を意図した発想である．彼の発想が "e" を底とする自然対数の基礎になったことは間違いない．

　"e" の不思議さについては次章でも触れるので，楽しみにしておいていただきたい．

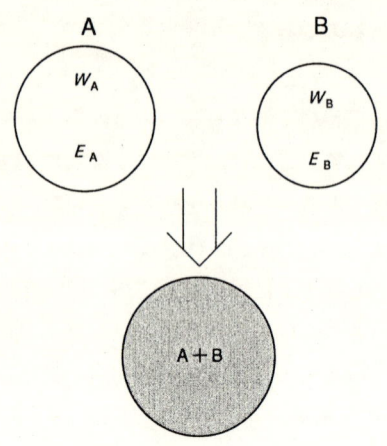

図 3.27 分子集団A，Bとそれらの合体

■指数関数・対数関数で表示される物理現象

指数関数，対数関数で表わされる物理現象は少なくないが，ここでは一例として統計力学で用いられる場合について簡単に説明しておこう．

いま，図3.27に示すように，2個の分子集団A，Bを考える．集団Aは W_A と表わされる状態数だけいろいろな"状態"をとるとしよう．ここでは代表例としてエネルギー状態を考える．つまり，集団Aに属するそれぞれの分子に全エネルギー E_A を分配する"仕方"をそれぞれ"状態"と呼ぶことにする．もちろん，1個1個の分子の区別はつかないので，あるエネルギー E_i を持つ分子が何個存在するかを表にしたようなものが，それぞれの"状態"の表現になる．集団Bについても同様で，この集団の全エネルギーは E_B，状態数は W_B とする．

ここで，集団A，Bを合わせて考えると状態数はどうなるであろうか．

それぞれの集団のとり得る状態数 W_A，W_B の積（$=W_A \cdot W_B$）が集団全体の状態数になる．つまり，例えば，集団Aが5通りの状態をとれて，集団Bが7通りの状態をとれるのであれば，これらを合わせた場合は5×7＝35通りの状態がとれると考えるのである．

一方，エネルギーは両集団のそれぞれのエネルギーの和（$=E_A+E_B$）となるはずである．

以上の状態数とエネルギーの両方の要求，すなわち"積"と"和"を同時に

満たす関数を考えると，指数関数に思い至る．さらに，次章で述べる微分や積分の性質まで考えると指数関数の中で一番扱いやすいのが e^x なのである．つまり，状態数に対応する内容を関数 $e^x(=W)$ で表わし，その x の部分にエネルギーに対応する内容を表現することにして，$E_A=x_A, E_B=x_B$ とすれば大変具合がよいのである．これは結果的に

$$W_A \cdot W_B \propto e^{E_A} \cdot e^{E_B} = e^{(E_A+E_B)} \tag{3.40}$$

という形でまとめられ，この式が図 3.27 の内容をうまく表現しているのである．

　指数関数は，はじめ，天文学者のように頻繁に大きな数値を扱う人々によってその価値が認められたのであるが，今日では，ここで簡単に説明した統計物理学のみならず，あらゆる分野（図 1.26 参照）で必要不可欠な関数になっている．

　対数を使った物理学上の重要な式は，何といっても

$$S=k_B \ln W \tag{3.41}$$

で表わされるエントロピー S に関する**ボルツマンの関係式**であろう．ここで，k_B はボルツマン定数，W は上述の"状態数"（ボルツマンは，熱力学的重率と呼ぶ）である．なお，式 (3.41) の物理的な意味については熱力学の教科書（例えば，本シリーズ『したしむ熱力学』）を参照していただきたい．

チョット休憩●3
アーベルとガロア

　アーベル（Niels Henrik Abel, 1802—1829）とガロア（Évariste Galois, 1811—1832），代数方程式の解法や解の存在について優れた業績を遺した二人は，なぜか共通の不幸を背負っていたように思われる．その不幸とは「世の中との折り合いが悪い」ということである．まず，この二人の生没年を見ていただきたい．アーベルは 27 歳になるかならないかで没し，ガロアにいたっては，20 歳そこそこで死去している．

アーベルは，処女論文として『方程式の代数的解法』があるように，5次方程式以上の高次方程式は，代数的には解けないことを証明した．この研究は，はじめガウスに認められることを期待して書かれたが，ガウスはすでに「代数方程式は必ず根を有する」という有名な証明を終えていたわけで，アーベルの論文の主旨にあまり興味を示さなかったようである．アーベルは，さらにパリにも出かけ，コーシー（1789—1857）にも認められようと論文を提出したが，これも冷淡に扱われた．ただし，彼の数学研究は，この間も楕円関数論，級数論，アーベル関数などに拡がり深まっていった．また，専門の数学者とはいえないが，この時代の重要な数学雑誌を発行，編集したクレルレ（1780—1855）はアーベルの仕事を高く評価して，援助してくれた．

　その名を冠した演算子で，量子力学を学ぶ者は必ず知ることになるエルミート（1822—1901）は，「アーベルは，彼のあとに続く数学者に，優に150年分の仕事を残した」と評して彼の業績を称えている．しかしながら，アーベルの実人生は悲しい．彼は，中央ヨーロッパへの旅行の成果が思うほどでなかったことに落胆して，ノルウェイに戻ったが，多人数の家族の家計は，すべて彼の肩にかかっており，気の休まる時のない状態で過ごした．結局，病を得て，婚約者を遺して死去するのであるが，その死の3日後にクレルレからベルリン大学教授への招請状が届けられたのである．

　一方のガロアは，地方の市長であった父を政治的な圧力の中で亡くした．その事件もあって，彼は世の中の不正を激しく憎んだようである．数学の才能豊かな人物に共通するように，幼いといってよい年頃から数学の才能を示し，古典的といえる数学者の著書を直接学んでいった．高等学校時代の彼は，本当の数学上の才能を示していたにもかかわらず，教師達からは冷たく扱われたようで，芳しい評判は遺っていない．

　さらに，当時も今もフランスの最高学府である高等理工科学校（エコール・ポリテクニク）の入学試験では，試験官の質問が低級で，自分を侮辱していると感じた彼は，試験官に黒板用のスポンジを投げつけた，という逸話も遺っている．当然，結果は不合格であった．

　強烈な自負心と，世の中に対する不信感の中で，彼はアーベルと同じように代数方程式の解についての研究を進めたのであるが，彼の提出した論文は結局，内容の証明，説明が不十分であることから，却下された．おそらく，彼は証明を省略しすぎたのであろう．後世の数学者が冷静に判断すれば，ガロアの自分の仕事（現在の"群論"の基礎を構成する）に対する価値判断と，彼の論文を却下した査読者（高名なポアッソン（1781—1840）であった）の判断の双方とも納得できるものであろうが，ガロアにとっては，これも世の中の自分に対する迫害と思えたであろう．

そして彼は恋愛事件にからんだ決闘（"仕組まれた"という意見もある）によって，腹部に銃弾を受けて，数日後に死去した．21歳であった．

■演習問題

3.1 本章で説明した各関数（1次関数や2次関数など）で表わされる物理現象や日常生活における現象の具体例を挙げよ．

3.2 n 次関数で表わされる物理現象で，n が偶数の場合と奇数の場合，それぞれの特徴を簡単に説明せよ．

3.3 3種類の三角関数 ($y=\sin x$, $\cos x$, $\tan x$) をグラフに表わして，x の増加につれて繰り返し同じ y 値が現われることを確認せよ．

3.4 x-y 平面上に $y=e^x$ と $y=\ln x$ を描いてみよ．そして，両関数の対称性の理由について考えてみよ．

3.5 変数（パラメーター）が x の関数 $f(x)$ の意味を一般論として言葉で説明せよ．

4 微分と積分

　数学史上，偉大な発明は少なくないが，微分法と積分法がそれらの中で傑出したものの一つであることは間違いない．物理学の現象，特に運動に関する現象を定量的に理解する上で，微分・積分は不可欠である．また，微分と積分の考え方は大学で学ぶほとんどすべての分野で使われており，理工系の分野はもとより，例えば，経済学で市場の動きを解析する場合や社会学で人口や社会構成について統計処理を行なう場合にも必要である．このような微分・積分の"重要性"から，高校，大学の数学において，多くの時間を割いて学ぶわけである．

　しかし，その割には，微分は「微かに分かる」，積分は「分かった積り」と揶揄されるように，苦手意識を持つ学生は（文系ではもとより，理系であっても）少なくないのが現状である．その理由としてはいくつか考えられるが，最大の問題は，微分・積分を具体性のない"数学"として学ぶことではないだろうか．

　本書は「物理数学」にしたしむための本であり，「数学」の教科書ではない．あくまでも，物理現象を定量的に，あるいは解析的に説明する道具としての数学を学ぶためのものであるから，本章でも物理現象に適用された微分法と積分法について述べる．前提知識はほとんど必要としないように基礎的なことから説明するので，"苦手"とする読者もあまり心配せずに読み進んでいただきたい．

　まず第一に大切なことは，細かい公式を憶えるようなことではなく，微分と積分の"考え方"や"意味"をきちんと理解することである．

4.1 微分法と積分法

4.1.1 微分法
■時間の導入

まず，微分法の基本について考える．

図 4.1 に示すように，数直線上にある位置を指定して，これを点 A としよう．その点から距離 x にある点 B と点 A との関係を考える．

もし，われわれにいつも時間がたっぷりあって，ある場所で何時何分に待ち合わせるというような厳密な約束事があまり重要ではない生活を送っているとしたら，この数直線上の点 A から点 B に到達するのにどれくらいの時間がかかるか，などという問いにはあまり意味がないだろう．いつになってもよいからとにかく点 B に到達すればよいのである．

しかし，近代に入って，人々は日常的に時間を気にするようになり，時計が用いられるようになった．さらに，情報をできるだけ早く手に入れようという人々が多くなると，"速度"や"速さ"を測ることが重要になってくる．そのような時期がやってきたのが，ちょうど 300～400 年前であった．

さて，図 4.2 に示すように，時間 t の経過につれて生じる位置の変化（A-B 間の距離 x の変化）について考える．つまり，ある物体がはじめの点 A から点 B あるいは点 B' に向かって移動していく場合のことを考える．この場合，1.1 節で述べたように，"平均速度"あるいは"平均速さ"を考えようとすれば，"ある時間 Δt ごとの"移動距離"を考えればよい．その時，図 4.2 に示したよう

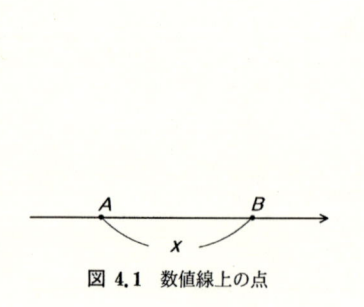

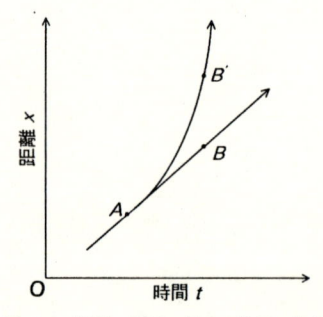

図 4.1 数値線上の点

図 4.2 時間の経過に対する位置の変化

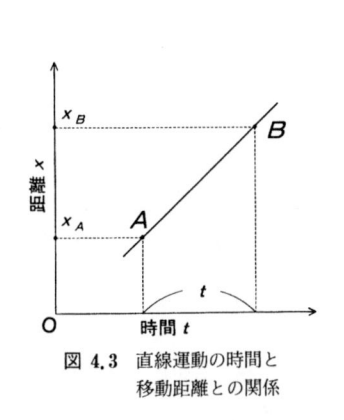

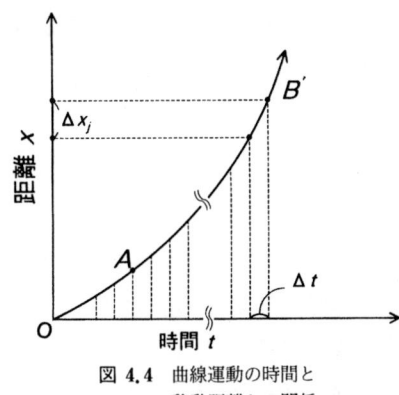

図 4.3 直線運動の時間と移動距離との関係

図 4.4 曲線運動の時間と移動距離との関係

な等速度運動（点 B）と単位時間 Δt ごとに移動距離が変化する図1.2や図3.11に示した放物運動のような加速度運動（点 B'）の場合では，速度（速さ）の定義を考え直す必要があることを感じられるのではないだろうか．つまり，直線運動のような場合と放物線運動のような場合の速度（速さ）を扱う時の"注意"である．なお，読者はすでに"速度"と"速さ"の区別を十分に了解されていると思うので，以下"速度"と表記する．

1.1節で述べたことの復習になるが，直線運動の場合は図4.3のように点 A の座標を x_A，点 B の座標を x_B とし，移動に要した時間を t とすれば，平均の速度 $\bar{v}$ は

$$\bar{v} = \frac{x_B - x_A}{t} \tag{4.1}$$

と表示される．

ところが，図4.2の点 B' のように，瞬間ごとに速度が変化する場合は，式(4.1)のような単純な"平均速度"は適用できないことは読者も了解されるであろう．なぜなら，物体が移動していく経路が直線ではなく曲線なので，かなり短時間の移動を考えても，はじめの点と到達点を考えるだけでは瞬間ごとの速度を正しく求めることはできないのである．

そこで，図4.4のように，点 B' に至るまでの運動を分割して考えることにする．運動を分割すると面倒なのは，これまで基準として考えていた時間や距離も分割する必要が生じることである．すなわち，図4.4の横軸に時間 t，縦軸に

距離 x をとり，その軸を等時間間隔 Δt ごとに刻むことにする．縦軸には各時刻までに移動した直線距離 x をとり，各時間におけるその移動距離を，

$$x = \Delta x_j \quad (j=1,2,3,\cdots) \tag{4.2}$$

として表示すると，単位時間 Δt が経過するたびに，微小距離 Δx_j 分，移動距離が増える．このようにすれば，単位時間ごとに式 (4.1) をその区間に当てはめて得られる速度の"精度"は全体の平均速度よりもはるかに高く，ある程度正確に各瞬間の速度を表現していることが理解できるだろう．

■微分法の考え方

図 4.4 に示した"分割の思考"を厳密にしたものが微分法の考え方の基礎にほかならない．

微分法で求めようとするのは，上記のような物体の運動の場合であれば，運動の各瞬間における速度に相当するものである．このことを数学的に表現すれば，時間を基準軸にして移動距離を表わす図 4.4 のような運動曲線の各点（すなわち各瞬間）における"接線の傾き"を求めようとすることに相当する．つまり，図 4.5 に示すように t-x 平面で考えれば，時間 Δt が経過するたびに移動距離 x がどのように変化するかを，式 (4.1) に式 (4.2) の考え方を導入し，各瞬間の速度 v を

$$v = \frac{\Delta x_j}{\Delta t} \quad (j=1,2,3,\cdots) \tag{4.3}$$

と表現したことに相当する．

もう少し詳しく考え直すと，この考え方の根本にあるのは，いろいろな運動曲線の場合，上に述べたような"分割"をどこまで細かくすれば，各点の速度

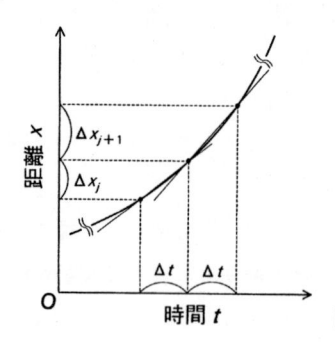

図 4.5 曲線上の各点の接線の傾き

が"精確"あるいは"正確"に求まったといえるのだろうか，ということである．微分積分学が産声をあげた17世紀から18世紀初頭，つまりニュートンやライプニッツ（1646—1716）の時代には，この問題はそれほど深刻には考えられていなかった．単純にいえば，ある程度細かく分割すれば"正確"といってよいだろう，と考えられていたのである．

ここでも，詳しい議論は先送りにして，単位時間 Δt の間の微小移動距離 Δx を，その微小移動間の速度が"正確"に求まるまで小さくした場合を「Δx を**極限**まで小さくした」ということにして先に進むことにしよう．

なお，式(4.3)自体が，基準点から運動している物体までの距離 x を時間 t の関数として表わした場合の，距離の時間に対する"微分"($\dot{x}$)を表現している．

4.1.2 積分法
■積分法の考え方

いま，微分法により運動の速度が正確に求められることを述べた．そのような速度（瞬間ごとに変化していてもよい）の運動が連続して起こることで，最終的に物体がどのような運動をしたことになるのか，少し固苦しくいえば，運動の軌跡がどのようなものになるのかを知ろうとするのが「積分法」である．いい換えれば，微分法が，運動の結果を分解して，各瞬間について解析しようとする手法であれば，積分法は，分解された各瞬間から，再び運動の結果を導く手法である．つまり，微分と積分は，物理的にいえば，互いに"裏返しの関係"にある．

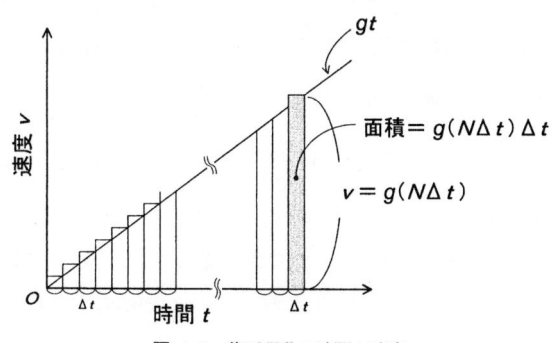

図 4.6 落下運動の時間と速度

この関係を具体例で考えてみよう.

図1.1, 1.9で示した物体の落下運動を, 図4.6に示すように, 各瞬間 Δt ごとに速度が $g\Delta t$ ずつ増加する運動として考える. このような場合, 速度 v は時間 t の経過につれて, $v=gt$ (式 (1.15)) と表現されるように徐々に大きくなっていく. このような運動の時間に対する速度の変化率が, 式 (1.7) で示した加速度という物理量である. 図4.6で縦棒の長さは時間経過につれて大きくなっていく速度の大きさを表わすことになる. この時, ある時刻 t から次の瞬間 $t+\Delta t$ までの間 (非常に短い Δt の間), 速度は $v=gt$ で一定であると考える.

運動の開始 ($t=0$) から, ある時刻 T までに経過した時間を"瞬間"Δt を単位として表現すれば, 図4.6の原点から時間 $t=T$ までに Δt を何個 (1, 2, 3, …, N 個) 足し合わせたか, つまり

$$T = N\Delta t \tag{4.4}$$

となる.

その時刻 T における物体の落下速度は $v=g(N\Delta t)$ であり, その速度で, ある時刻 T から"瞬間"Δt の間, 物体の落下運動が継続する. このようなことを, どんどん経過する時間の各時刻ごとに考えれば, 落下距離の総和 y は

$$y = \sum_{n=0}^{N} g(n\Delta t)\Delta t \tag{4.5}$$

という級数和で与えられる.

ここで, 記号"Σ"は, それに続く数式を番号 n ごとにすべて足し合わせることを意味する. 記号Σの上下の記号は n が番号 0 から N まで変化する範囲の総和をとる, という宣言である. 式 (4.5) の内容は, 図4.6について考えれば, 縦棒 (矩形) の面積の総和であり, これを具体的に計算してみると

$$\begin{aligned} y &= g(1+2+3+\cdots+N)\Delta t\,\Delta t \\ &= \frac{gN(N+1)\Delta t^2}{2} \end{aligned} \tag{4.6}$$

となる. この式の中の $N(N+1)/2$ が $(1+2+3+\cdots+N)$ の計算結果である.

時間間隔 Δt を"極限 ($\Delta t \to 0$)"まで小さくとると, 積分計算を行なうことになるのであるが, その場合, N は極めて大きな数になるので, $N+1 \approx N$ と考え, 式 (4.6) は

4.1 微分法と積分法

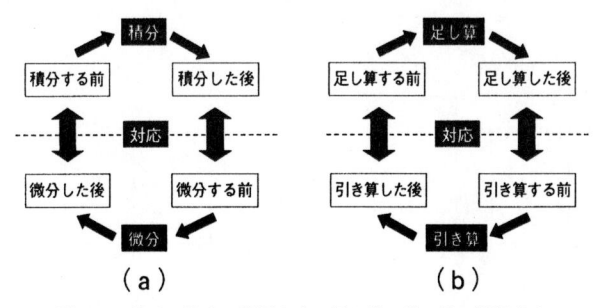

(a) 積分する前 → 積分 → 積分した後 ↕対応↕ 微分した後 ← 微分 ← 微分する前

(b) 足し算する前 → 足し算 → 足し算した後 ↕対応↕ 引き算した後 ← 引き算 ← 引き算する前

図 4.7 積分・微分の関係(a)と足し算・引き算の関係(b)

$$y = \frac{g(N\Delta t)^2}{2} \tag{4.7}$$

となる．ここで $N\Delta t(=T)=t$ とおけば，式 (1.14) と同じ形の

$$y = \frac{1}{2}gt^2 \tag{4.8}$$

が得られる．

以上の内容を，積分記号 "$\int$ (インテグラル)" を用いて表現すると

$$y = \int_0^t gt\,dt = \frac{1}{2}gt^2 \tag{4.9}$$

となる．

式(4.9)の "$\int_0^t gt\,dt$" の意味を図 4.6 に即して説明すれば，「時間 $0\sim t$ の間で時間間隔 Δt を極限まで小さくして (dt) 求めた，$y=gt$ の級数の総和」である．なお "$\int$(関数)dt" は「t で(関数)を積分する」という意味である．

つまり，積分というものは本来"面積"の足し算なのである．面積を求めたい場所を無限に細かく分け（これが図 4.6 に示される幅 Δt の縦長の矩形である），それを無限個足し合わせるという"仮想の足し算"である．これが積分の考え方である．

■微分と積分との関係

ここで，前述の微分と積分との関係を考えてみよう．

時間ごとの物体の運動速度と運動距離との関係は

〈速度〉 $v = gt$ $\xrightarrow{\text{積分}}$ $y = \frac{1}{2}gt^2$ 〈運動距離〉
$\xleftarrow{\text{微分}}$

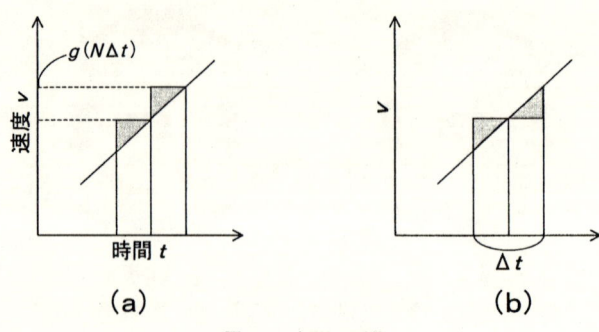

図 4.8 矩形の面積

と表わすことができるだろう．このことを一般的に表わせば，図 4.7(a) のようになる．これはちょうど，(b) に示す足し算と引き算との関係に等しいことに気づくのではないだろうか．つまり，積分と微分は"表裏一体"なのである．

以上で微分法と積分法の考え方を説明したのであるが，積分法について若干補足説明をしておきたい．

図 4.6 の説明を読んで，矩形の先端の部分について少し不安を感じた読者もおられるのではないだろうか（そのような読者は感覚が鋭い！）．つまり，図 4.8(a) に示すように，矩形の面積は常に実際の運動曲線（図の場合は直線であるが）によって得られる面積よりも少し大きいのではないか，という疑問を覚えるのではないだろうか．

数学的には図 4.8(b) のように，矩形の中心位置を運動曲線にぴったり合わせることを考えて実際の面積に近似させればよい．しかし，本当のところは，図 4.9 に示すように，すべての議論を x 軸の問題に集約して考え直せば，位置 x に左右から近づいてくる $x-\Delta x$ と $x+\Delta x$ をどこまで近づければ（つまり，Δx をどれだけ小さくすれば），微分や積分が「正しい」ことになるのか，という疑問に答える必要があるのだが，筆者自身も，この"極限の問題"を深くは理解できていないのである．

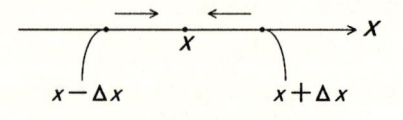

図 4.9 位置 x への接近

4.2 微分・積分計算

4.2.1 n次関数

■微分法の基礎

　前章で，4次関数までのn次関数について述べ，それらの物理学における応用の一端に触れた．4.1.1項で述べたように，単純な直線運動は1次関数で表示でき，物理学的には，その傾きが"速度"として理解できる．つまり式 (4.1) を，小さいことを表わす記号"Δ"を用いて一般的に表わすと

$$\bar{v} = \frac{x_A - x_B}{t} = \frac{\Delta x}{\Delta t} \tag{4.10}$$

となり，これは式 (4.3) と同じになる．

　ところで，1.1節や4.1.1項で論じたように，落下運動の場合，重力加速度をgとして，自由落下を時間tだけ続けた場合の落下距離が$gt^2/2$となる時，時刻tにおける落下速度はgtであるが，これら2つの物理量の関係は，数学的にどのように説明されるのであろうか．

　落下運動は図1.2に示したような落下時間と落下距離との関係として表わされる．ここで，図1.2をいかにも落下らしく図4.10のように描き直すことにする．見てのとおり，変数である時間tに対し落下距離yは2次関数的に変化する（各式に"－"符号がついていることに注意）．このことは，図4.6で述べた積分の内容でもある．再度述べれば，図4.10に示される各点（各時刻）の「接線の傾き」(p.94参照) が，その時刻における速度になるわけである（図4.5参

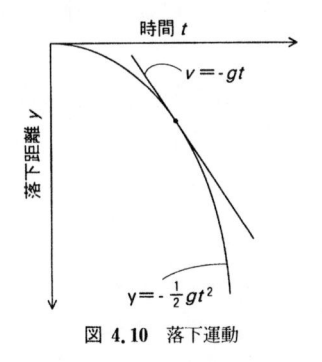

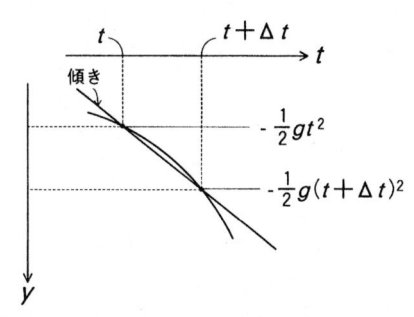

図 4.10　落下運動　　　　　図 4.11　運動曲線の微小部分

照).

4.1.1項で述べたような"瞬間"ごとの速度は,まず時間 t を始点として,時間 $t+\Delta t$ の区間で定義しておいて,あとで「$\Delta t \to 0$」とすることによって得られる.このことを図4.10と対照しながら,肝心な部分を拡大した図4.11で,もう少し詳しく考えてみよう.

$$
\begin{aligned}
\langle 傾き \rangle &= -\frac{g(t+\Delta t)^2/2 - gt^2/2}{\Delta t} \\
&= -\frac{g(t^2+2t\Delta t+\Delta t^2-t^2)/2}{\Delta t} \\
&= -\frac{g(2t\Delta t+\Delta t^2)/2}{\Delta t} \\
&= -\frac{1}{2}g(2t+\Delta t)
\end{aligned}
\qquad (4.11)
$$

ここで,約束どおり「$\Delta t \to 0$」とすると,式 (4.11) は

$$\langle 傾き \rangle = -gt \qquad (4.12)$$

となる.つまり,図4.10に見られる落下速度 (v) と"接線の傾き"との関係が得られたわけである.再度強調すれば,このような考え方が数学としての微分法の基礎になっている.

■微分と微分方程式

次に,2次以上の次数の n 次関数について考えてみよう.例えば,図3.22に示した結晶の単位胞の中央に存在する原子が中心から多少左右にずれた位置に2個の平衡点A,Bを持っている場合のことを考える.物理学でいうところの"平衡状態"は「エネルギーが極小の状態」であるから,原子位置の平衡点はエネルギー曲線の極小点に置き換えられる.

このようなエネルギー曲線を位置 x の関数 $E(x)$ として表わすと式 (3.30) のように

$$E(x) = (x-1)^2(x+1)^2 \qquad (4.13)$$

となる.この関数は図4.12に示されるように $x=0$ の時,$E(0)=1\cdot 1=1$ であり,$x=1, -1$ の時は $E(1)=E(-1)=0$ である.さらに,x の値が正負いずれの方向でも1より大きくなると $E(x)$ の値もそれにつれて大きくなる.

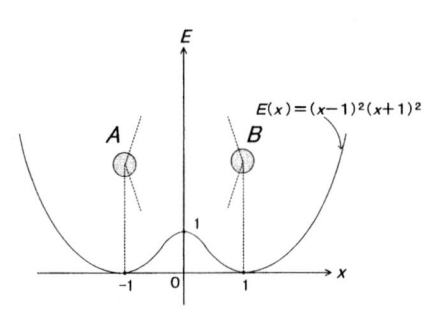

図 4.12 エネルギー曲線の極小点と原子位置の平衡点

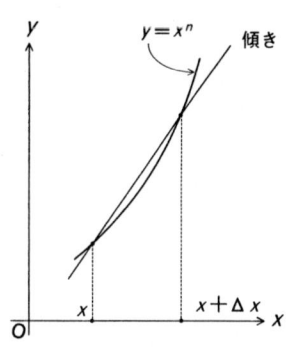

図 4.13 関数 x^n の部分の拡大

このような関数でエネルギー極小の x 座標つまり原子位置の平衡点は, 数学的にいえば, 曲線の接線の傾き (**微分係数**) がゼロの位置であり, 図4.12における点 A と点 B である. このような「傾きゼロ」すなわち微分した結果がゼロということの数学的表現は

$$\frac{dE(x)}{dx}=0 \tag{4.14}$$

というものになる. これが, 後述する**微分方程式**の最も簡単な例である. つまり, ある関数についての情報が微分した形で与えられ, それから元の関数形を導き出すのが「微分方程式を解く」ということなのである.

式 (4.13) を具体的に計算すると, x^4, x^3, x^2, x の項と定数項が現われる. 結局, いろいろな物理現象を表わす関数については, 式 (4.14) のような方程式を解いて答を見出すのであるから, n 次関数の微分について知ることが重要になることを理解していただきたい.

そこで, これまでの議論の最も一般化された $y=x^n$ という関数の傾き, つまり微分の求め方を考えることにする.

どのような関数であれ, その一部を拡大していくと, 図4.13のように, ほとんど直線に近いものになる. したがって, これまで用いてきた位置 x と $x+\Delta x$ 間の傾きを求めるという手法がどんな関数に対しても適用できるのである. 関数 $y=x^n$ に適用すると

$$\frac{dy}{dx}=\frac{(x+\Delta x)^n-x^n}{\Delta x} \tag{4.15}$$

という表現になるが, 一つ留意しなければならないのは, 最終的には $\Delta x \to 0$ と

いう"Δx を極限まで小さくする操作"を行なうことである．この操作を通常の教科書的に記述すれば，式 (4.15) は

$$\frac{dy}{dx} = \lim_{\Delta x \to 0} \frac{(x+\Delta x)^n - x^n}{\Delta x} \quad (4.16)$$

となる．ここで，記号"lim"は英語の"limit（極限）"のことである．このような関数を一般に**導関数**と呼ぶ．関数 y に対し，導関数は y' で表わされる．

ここで再度確認しておきたいのは，式 (4.16) のように極限をとって数学的に「微分を行なう」こと，つまり図 4.13 に示すように"接線の傾き"を求めることは，物理的にいえば，何らかの物理量の関数として表示されるものの"変化率"を求める操作に対応しているということである．例えば，力学においては物体の"移動距離"に対する"速度"であり，"速度"に対する"加速度"である．また，電磁気学においては"電位"に対する"電場"である．

■**数学的扱い**

以下では，物理的なイメージからは多少離れて，数学的な表現にこだわって説明する．面倒臭いと思われる読者は飛ばして読んでも構わないが，できれば，しばしの間"数学的雰囲気"を味わっていただきたい．

式 (4.16) の導関数について考える時，最も重要であり，また注意深く扱わなければならないのは $(x+\Delta x)^n$ の部分である．この部分は，具体的に計算すると，数値 n によって，2次，3次，さらに高次の項が現われる．$\Delta x = h$ と置き換えた場合の展開式が式 (3.3) であった．

ここで一般的な n 次関数について考えることにして，式 (3.3) に示した展開式の最後のものを式 (4.16) に代入すると

$$\begin{aligned}\frac{dy}{dx} &= \lim_{h \to 0} \frac{(x+h)^n - x^n}{h} \\ &= \lim_{h \to 0} \frac{(x^n + nx^{n-1}h + \cdots - x^n)}{h} \\ &= nx^{n-1} \end{aligned} \quad (4.17)$$

となる（2行目の式の第3項以下では h, h^2, h^3, $\cdots$, h^n の式が残るが $h \to 0$ で消えてしまう）．

結局，数学的な結論として，n 次関数（$n>1$）の微分の結果は

$$\frac{d(x^n)}{dx} = nx^{n-1} \tag{4.18}$$

のようにまとめられる．

なお，関数 $y=x^n$ の微分（導関数）が $y=nx^{n-1}$ になるということは，関数 $y=nx^{n-1}$ の積分が $y=x^n$ になるということでもある．つまり，図 4.7(a) に示したように，一般的結論として，微分の逆演算が積分（"微分と積分とは表裏一体"）ということを実感として理解していただきたい．

ここで再び物理的な例として物体の自由落下距離 $y=-gt^2/2$（図 4.10 参照）の場合に戻って考えると，それが，上の議論を 2 次関数に適用したものであることはすぐに理解できるだろう．したがって

$$\frac{dy}{dt} = \frac{d(-gt^2/2)}{dt} = -gt \tag{4.19}$$

となる．

また，図 4.12 に示した結晶内の原子平衡位置の問題では，式 (4.13) のようなエネルギー関数が与えられるので，4 次の項を最高次とする関数の微分で中心原子位置に対するエネルギーの変化曲線（関数）が与えられる．したがって，安定点は，式 (4.14) のような微分方程式を式 (4.18) の一般規則に従って次のように計算すればよい．

$$\frac{dE(x)}{dx} = \frac{d(ax^4+bx^3+cx^2+dx+e)}{dx}$$
$$= 4ax^3 + 3bx^2 + 2cx + d = 0 \tag{4.20}$$

これは 3 次方程式であるので，解は x の値として 3 つの数値が与えられるが，それらは図 4.12 に示したように，安定点 (A, B) 2 つと中心の極大点 $(x=0)$ のことである．それらの点では"接線の傾き"がいずれもゼロであることは理解できるだろう．

■ $-n$ 次関数

次に同じ n 次関数でも一般形が $y=x^{-n}$ の場合について考えよう．

このような関数で表わされる物理現象の例としては，1.2.2 項で述べた電位と電場との関係がある．この例に微分法を適用する前に，物理的内容を再確認

しておくと，図 1.16 に示したように，電気力線が電荷 Q から発生している時，その力線の数が電場の強さを表現していると考えることができる．この「電場 $E=kQ/x^2$」（k は定数）とは，電場が働きかける相手の電荷 Q' が決まれば，クーロン力 $F=kQQ'/x^2$（式 (1.16) では $F=kQ_1Q_2/d^2$）という力に変化するものであった．

物体に力が働き続け，物体が空間内をある距離移動すると，"仕事"が発生する．つまり

$$\text{仕事} = \text{力} \times \text{移動距離} \tag{4.21}$$

である．もし，力が位置によって変化すれば，短い距離ごとに上式の仕事を求め，それらの和をとることによって各位置についての力を移動距離に対して求めるような操作が積分である．したがって，クーロン力が働く結果として行なわれる仕事は，クーロン力を距離について積分すること，つまり数式では

$$\int \frac{kQQ'}{x^2} dx \tag{4.22}$$

であるが，いまのところ積分の"範囲"は決めないでおこう．ちなみに，このような積分範囲を規定しない積分は**不定積分**と呼ばれる．

式 (4.22) の計算結果を得ようとする時，微分の逆演算が積分であること（図 4.7 参照）を思い出すとよい．すなわち，微分して $y=1/x^2$ の形になる関数が $y=-1/x$ であることを確認できれば，答を見つけることができる．式 (4.17) の考え方を適用してみよう．はじまりは関数 $y=-1/x$ の微分なので

$$\begin{aligned}
-\frac{dy}{dx} &= \lim_{h\to 0} \frac{1/(x+h)-1/x}{h} \\
&= \lim_{h\to 0} \frac{(x-x-h)/x(x+h)}{h} \\
&= \lim_{h\to 0} \frac{-1}{x^2+xh} = -\frac{1}{x^2}
\end{aligned} \tag{4.23}$$

となる．

相手の電荷量によって，実際にクーロン力が働くのであるから，相手の電荷量が決まっていない電場は，概念として"仮想的な仕事"として電位が考えられる．このような関係を微分と積分の概念を用いて表わせば

$$\langle 電位\rangle \underset{\displaystyle \int}{\overset{\displaystyle 微分(d/dx)}{\underset{\textstyle 積分(\int)}{\rightleftarrows}}} \frac{1}{x^2} \langle 電場\rangle$$

〈電位〉 $-\frac{1}{x}$ ←→ $\frac{1}{x^2}$ 〈電場〉 （微分 (d/dx) / 積分 $(\int)$）

となるだろう（図4.7参照）．

　結局，クーロン力（空間の性質だけとり出せば"電場"）を距離について積分すると，静電エネルギー（空間については"電位"）になるという関係が，数学における微分と積分で表現されることが了解できるだろう．すなわち，電位と電場との関係は，落下距離と落下速度との関係と同じである．なお，物理的には，ある場所の間で電位がどの程度異なるかを表現するのが，読者もよく知っているであろう**電圧**である．

　以上の結果を数学的に関数 $y=x^{-n}$ に拡張すれば，やはり式(4.18)の一般規則が適用でき，$dy/dx=-nx^{-(n+1)}$ である．これを式(4.18)にならって一般形で表わせば

$$\frac{d(x^{-n})}{dx}=-nx^{-(n+1)} \tag{4.24}$$

となる．

　式(4.24)について数学的な証明を行なうためには，これを

$$\frac{dy}{dx}=\lim_{h\to 0}\frac{1/(x+h)^n-1/x^n}{h} \tag{4.25}$$

と書き直し，

$$\frac{x^n-h^n}{x-h}=x^{n-1}+x^{n-2}h+x^{n-3}h^2+\cdots+xh^{n-2}+h^{n-1} \tag{4.26}$$

という級数を用いることになるが，この級数の意味を含めた詳しい解説は演習問題にまわすことにしよう．

4.2.2　三角関数
■関数 $\cos x$ と関数 $\sin x$

　三角関数で表わされる物理現象の代表が"振動と波動"である（図2.8, 2.9参照）．

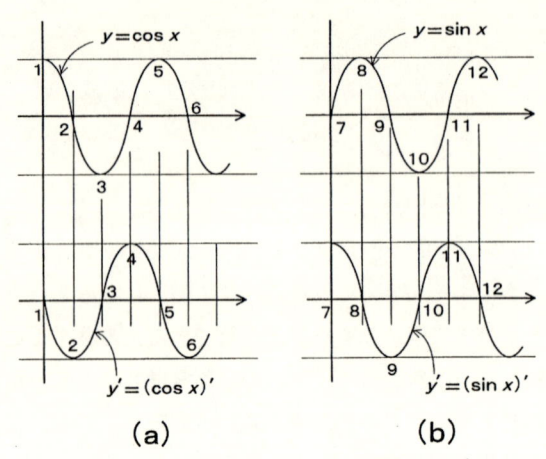

図 4.14 余弦関数 ($\cos x$) と正弦関数 ($\sin x$)

　まず，三角関数のうち，余弦（コサイン）関数 ($\cos x$) と正弦（サイン）関数 ($\sin x$) の微分と積分について述べよう．

　図 4.14(a), (b) に $y=\cos x$, $y=\sin x$ とそれらを微分して得られる導関数 y' （すなわち"接線の傾き"）のグラフを示す．これらの関数の間に

$$\frac{d(\cos x)}{dx} = -\sin x \tag{4.27}$$

$$\frac{d(\sin x)}{dx} = \cos x \tag{4.28}$$

の関係が成り立つことが納得できるだろう．つまり，sin 関数で表わされる回転運動や波動運動の曲線の接線の傾きは，同じ位相角 (x) の cos 関数であり，逆に cos 関数で表わされる運動曲線の接線の傾きは同じ位相角 (x) の $-\sin$ 関数で表わされる．とりあえずは（物理学的には），これらの重要な関係を図形的に納得してしまえばよいのだが，ここで一応，式 (4.27), (4.28) を数学的に表現し直すと

$$\frac{d(\cos x)}{dx} = \lim_{\Delta x \to 0} \frac{\cos(x+\Delta x) - \cos x}{\Delta x} \tag{4.29}$$

$$\frac{d(\sin x)}{dx} = \lim_{\Delta x \to 0} \frac{\sin(x+\Delta x) - \sin x}{\Delta x} \tag{4.30}$$

となる．

ここで，3.3節で述べた加法定理を適用すると，式 (4.29), (4.30) の "lim" の中はそれぞれ

$$\frac{\cos(x+\Delta x)-\cos x}{\Delta x} = \frac{\cos x \cdot \cos \Delta x - \sin x \cdot \sin \Delta x - \cos x}{\Delta x}$$

$$= \frac{\cos x (\cos \Delta x - 1)}{\Delta x} - \frac{\sin x \cdot \sin \Delta x}{\Delta x} \quad (4.31)$$

$$\frac{\sin(x+\Delta x)-\sin x}{\Delta x} = \frac{\sin x \cdot \cos \Delta x + \cos x \cdot \sin \Delta x - \sin x}{\Delta x}$$

$$= \frac{\sin x (\cos \Delta x - 1)}{\Delta x} + \frac{\cos x \cdot \sin \Delta x}{\Delta x} \quad (4.32)$$

となる．一見，複雑そうではあるが，よく見れば，上記の計算は単純な四則演算のみしか行なっていないことに気づくだろう．恐れるには及ばない．自分自身で実際に計算を行ない，上記の結果を確認していただきたい．

これらの計算結果をそれぞれ式 (4.29), (4.30) に代入してみると

$$\left. \begin{array}{l} A = \lim\limits_{\Delta x \to 0} \dfrac{\cos \Delta x - 1}{\Delta x} \\[2mm] B = \lim\limits_{\Delta x \to 0} \dfrac{\sin \Delta x}{\Delta x} \end{array} \right\} \quad (4.33)$$

の2項目の計算結果が重要であることが理解できるのではないだろうか．

ここで，$\Delta x \to 0$ という極限を求める時，$\cos \Delta x - 1$, $\sin \Delta x$, そして Δx はすべてゼロに近づいていくので，式 (4.33) のA, Bはいずれも 0/0 に近づいていくようでいささか不安である．このことをグラフで考えてみよう．

$\Delta x \to 0$ という極限に近づいていく過程における $\cos \Delta x$, $\sin \Delta x$ の2関数と Δx の数値の変化を図4.15に示す．この図から明らかなことは，$\sin \Delta x$ と Δx は単調にゼロに近づいていき，Δx が十分にゼロに近づくと両者の値はほとんど一致するということである．つまり，$\sin \Delta x \approx \Delta x$ である．したがって，十分な精度で

$$B = \lim_{\Delta x \to 0} \frac{\sin \Delta x}{\Delta x} = 1 \quad (4.34)$$

がいえるのである．

一方，$\cos \Delta x$ は図4.15に示されるように，値がいつも1より小さいが，Δx

図 4.15　$\Delta x \to 0$ による変化

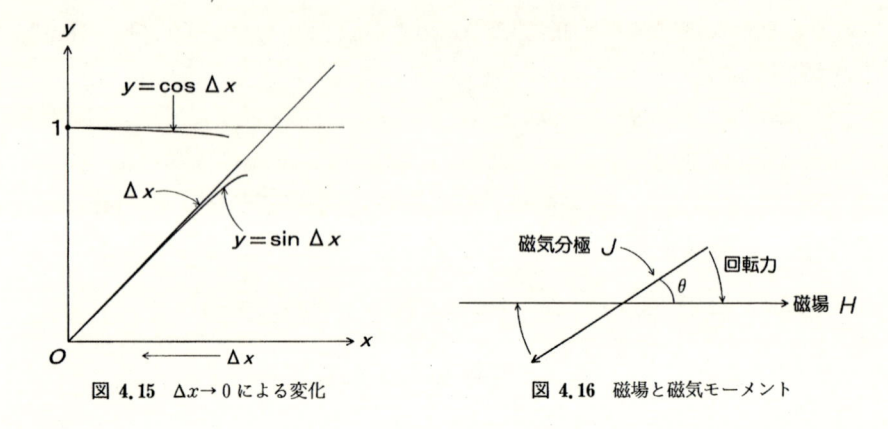

図 4.16　磁場と磁気モーメント

がゼロに近づくよりもはるかに速く1に近い値になることがわかるだろう．すなわち，$\Delta x \to 0$ の時，一見，0/0 に近づくように見える $(\cos \Delta x - 1)/\Delta x$ の値は，分子 $(\cos \Delta x - 1)$ の方が分母 (Δx) よりもはるかに大きな x の値でゼロに接近していく．このことから

$$A = \lim_{\Delta x \to 0} \frac{\cos \Delta x - 1}{\Delta x} = 0 \quad (4.35)$$

がいえるのである．

　以上の結果，式 (4.34), (4.35) を式 (4.29), (4.30) に代入すると，三角関数の微分として，式 (4.27), (4.28) という重要な結果が得られるのである．これらの結果は，物理学のいたるところで利用されるのであるが，ここでは簡単な応用例を一つだけ示しておこう．

　磁気学においては，磁場 H 中に磁気分極 J が置かれている時，磁気分極 J の磁気エネルギー E は

$$E = -HJ \cos \theta \quad (4.36)$$

で表わされることが知られている．ここで，磁場 H は読者のイメージされるものでよいが，磁気分極 J は，磁石でいえば N-S 極の対がどの程度の"強さ"の磁石となっているかを示すものである．

　ここで角度 θ は図 4.16 に示したように，磁場方向と磁気分極のなす角度である．式 (4.36) に示されるように，この回転角度 θ が変化するのであるからエネルギー E の回転角度 θ についての微分は，ある種の"力"を表わすことが

予想される.実際,このような力が存在し,それは図4.16に示すように回転力(トルク)と呼ばれている.それを数式で表現すれば

$$\frac{dE}{d\theta} = HJ \sin \theta \tag{4.37}$$

となる.

このような回転力については,定義により,どちらの方向をプラス(+)にするかが決まる.通常は角度 θ を小さくする方向に力が働くので,式 (4.37) の符号はマイナス,つまり,回転力 $= -HJ \sin \theta$ と表示する.

このように,"トルク"のような磁場により与えられる磁気力と磁気エネルギーとの関係は三角関数の微分と,その逆演算としての積分で表わされるのである.

なお,磁気学の話のついでに付言すると,N極とS極のペアでしか確認されていない磁気モーメント(小さな磁石を想像すればよいが,最小のものは磁石に使われる鉄原子や電子スピンなどである)を空間の"均一磁場"内に置くと,それがどんなに強い磁場であっても上述の回転力以外には何らの力も受けない.小磁石がある方向に引きずられるような力を受けるのは,磁場に勾配がある場合だけである.なぜならば,均質な磁場中にある小磁石は,その空間中のどこにいても,全く同じエネルギーを持つからである.砂場で磁石を使って砂鉄を集められるのは,磁石の磁場が遠くでは小さくなる磁場勾配を持つことと,砂の中の磁石を動きまわすことで,磁石と砂鉄が直接,接触するか,その磁石の動きが場所ごとに磁場変化を作り出しているからである.

■関数 tan x

次に,正接(タンジェント)関数 (tan x) の微分について説明するが,この関数の物理現象への適用については単純なものが見つからないので,以下は三角関数の微分の説明を完結するものと理解していただきたい.興味のない読者は飛ばして先に進んでも構わない.

まず,一つの簡単な計算を確認しておこう.

$$AC - BD = (A-B)(C-D) + (A-B)D + B(C-D) \tag{4.38}$$

この式の左辺と右辺とが等しいことは四則演算で証明できるので,読者自身で計算してみていただきたい.

正接関数 tan x の定義は tan $x=\sin x/\cos x$ であり，これは2つの関数 $\sin x$ と $1/\cos x$ の積である．これを $F(x)=\sin x$ と $G(x)=1/\cos x$ の積と考え，これから $F(x)G(x)$ の微分について調べることにする．以下の説明において，式の簡略化のために

$$\left.\begin{aligned} A &= F(x+\Delta x) \\ B &= F(x) \\ C &= G(x+\Delta x) \\ D &= G(x) \end{aligned}\right\} \tag{4.39}$$

という表示を用いる．

関数 $y=F(x)G(x)$ の導関数は

$$\frac{dy}{dx}=\lim_{\Delta x\to 0}\frac{F(x+\Delta x)G(x+\Delta x)-F(x)G(x)}{\Delta x} \tag{4.40}$$

なので，これに式 (4.39) を代入すると

$$\frac{dy}{dx}=\lim_{\Delta x\to 0}\frac{AC-BD}{\Delta x} \tag{4.41}$$

となる．ここに，式 (4.38) を代入し，以下の計算は読者自身で行なっていただきたい．

式 (4.38) の右辺の3項のそれぞれについて極限をとる操作を行なう時，その"中味"だけを取り出せば

$$\frac{AC-BD}{\Delta x}=\frac{(A-B)}{\Delta x}\frac{(C-D)}{\Delta x}\Delta x+\frac{(A-B)D}{\Delta x}+\frac{B(C-D)}{\Delta x} \tag{4.42}$$

となる．

式 (4.41) の内容どおりの極限をとると，式 (4.42) の各項は微分を意味することになるから，その計算結果を微分記号で表わすと

$$\begin{aligned}\frac{dy}{dx}&=\frac{dF}{dx}\frac{dG}{dx}\times 0+\frac{dF}{dx}G+F\frac{dG}{dx}\\ &=\frac{dF}{dx}G+F\frac{dG}{dx}\end{aligned} \tag{4.43}$$

となり，$y=F(x)G(x)$ を上式に代入すれば一般形として

$$\frac{d(FG)}{dx} = \frac{dF}{dx}G + F\frac{dG}{dx} \tag{4.44}$$

が得られる. $dy/dx = y'$ (この y' は前出であるが, これは**ラグランジュの微分記号**と呼ばれるものである) を用いて式 (4.44) を書き直せば

$$(FG)' = F'G + FG' \tag{4.45}$$

となる.

この式を実際に関数 $\tan x$ に応用してみよう.

前述のように, $\tan x = \sin x/\cos x$ であり, これは $\sin x = \tan x \cdot \cos x$ と書き直すこともできる. このことと, 式 (4.45), (4.27), (4.28) を用いると

$$\begin{aligned}(\tan x)' &= 1 + \frac{\sin^2 x}{\cos^2 x} \\ &= \frac{\cos^2 x + \sin^2 x}{\cos^2 x} \\ &= \frac{1}{\cos^2 x}\end{aligned} \tag{4.46}$$

が得られることを読者自身で確認していただきたい.

4.2.3 指数関数と対数関数
■関数 e^x と a^x

まずはじめに, 指数関数の中で特に重要な関数 e^x について考える.

指数関数の中で, 関数 $y = e^x$ と関係が深い関数 $y = 2^x$ と $y = 3^x$ のグラフを図 4.17 に示す. $y = a^x$ で, a の値に関係なく $x = 0$ の時, $y = 1$ になるから, $y = a^x$ のグラフは必ず $P(0, 1)$ を通る.

図 4.17 のグラフの範囲を $x = 0, 1, 2$ 付近に限ってみて, その 3 点付近の関数の接線の傾きを求めてみよう. 方法は極めて単純で, 例えば, ① $x = 0 \sim 0.1$, ② $1.0 \sim 1.1$, ③ $2.0 \sim 2.1$ の 3 つの狭い範囲の傾きを x の値を代入することで算出する.

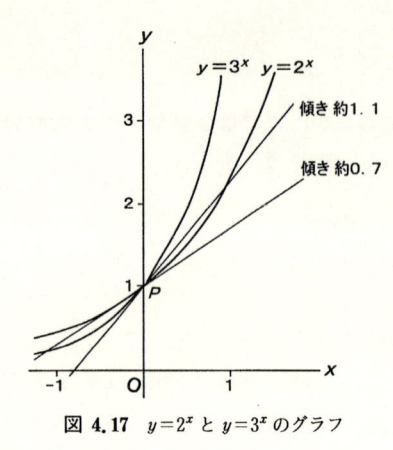

図 4.17 $y=2^x$ と $y=3^x$ のグラフ

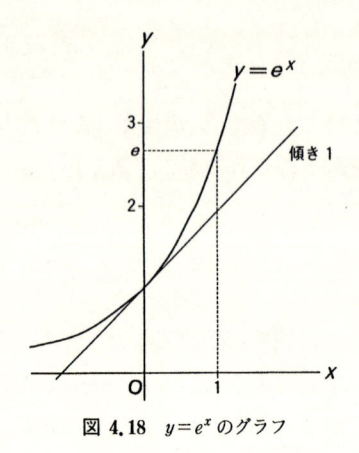

図 4.18 $y=e^x$ のグラフ

$$\left.\begin{array}{l}
① \quad y=2^0=1 \quad \sim \quad (2^{0.1}-2^0)/0.1=0.717\cdots \\
 \quad y=3^0=1 \quad \sim \quad (3^{0.1}-3^0)/0.1=1.161\cdots \\
② \quad y=2^{1.0}=2 \quad \sim \quad (2^{1.1}-2^{1.0})/0.1=1.435\cdots \\
 \quad y=3^{1.0}=3 \quad \sim \quad (3^{1.1}-3^{1.0})/0.1=3.483\cdots \\
③ \quad y=2^{2.0}=4 \quad \sim \quad (2^{2.1}-2^{2.0})/0.1=2.870\cdots \\
 \quad y=3^{2.0}=9 \quad \sim \quad (3^{2.1}-3^{2.0})/0.1=10.451\cdots
\end{array}\right\} \quad (4.47)$$

このような結果を見ると，関数 $y=2^x$ の傾きは，数値 x を代入した関数 y 自体の数値よりも常に少し小さい（約 70 ％の大きさ）が，関数 $y=3^x$ においては常に少し大きい（約 115 ％の大きさ）ことがわかる．また，点 $P(0,1)$ における接線の傾きを実際にグラフ上で求めてみると，$y=2^x$ では約 0.7，$y=3^x$ では約 1.1 となる．

これらのことから類推すると，x 値に対して関数 $y=a^x$ 自体の値と傾きの値が一致する"特殊な数値"が 2 と 3 の間に存在することが予想される．実は，この"特殊な数値"が 1.2.2 項および 3.4 節で触れた自然対数の低 $e(=2.71828182\cdots)$ なのである．つまり，

$$y=e^x=\frac{dy}{dx} \tag{4.48}$$

となる．この関数 $y=e^x$ のグラフを図 4.18 に示す．式 (4.48) から $P(0,1)$ に

おける傾きが1になることは，すぐに了解できるであろう．

この"e"は誠に興味深い数値である．なぜなら，ある物理現象で，微分方程式が $dy/dx=y$ となる場合も一般式として $d^n y/dx^n = y (n=1,2,3,\cdots)$ となる場合も，いつでも，この指数関数 $y=e^x$ を解として用いることができるのである．

実は，このような物理現象は少なくない．回転運動，波動運動など，同じパターンが繰り返される周期的現象の多くが，この関数を使って考えられることになる．

ここで，一般形指数関数 $y=a^x$ の導関数を求めてみよう．これは，これまで述べたことを当てはめると

$$\begin{aligned}
\frac{d(a^x)}{dx} &= \lim_{h \to 0} \frac{a^{x+h}-a^x}{h} \\
&= \lim_{h \to 0} \frac{a^x a^h - a^x}{h} \\
&= \lim_{h \to 0} \frac{a^x(a^h-1)}{h} \\
&= a^x \lim_{h \to 0} \frac{a^h-1}{h}
\end{aligned} \quad (4.49)$$

のようなものになるはずである．ここで $a=e$ であれば前述のように，微分しても元の関数形と同じ形の関数が現われるから，式(4.49)の後半部分は，$a=e$ とおいて，

$$\lim_{h \to 0} \frac{e^h-1}{h}=1 \quad (4.50)$$

である．

関数 $y=e^{bx}$ については，微分の結果として e^{bx} はそのまま残るが，式(4.50)と同様の極限をとった結果，数値 b も残ることになる（すなわち，$de^{bx}/dx=be^{bx}$）．

■三角関数と指数関数との合体

次に，

$$y=\cos x + b \sin x \quad (4.51)$$

という関数について考える．いまは唐突に思えるだろうが，この形の関数は指

数関数と興味深い共通点があるのである.ここに,式 (4.27) と (4.28) の結果を用いると

$$\frac{dy}{dx} = -\sin x + b\cos x$$
$$= b\cos x - \sin x \tag{4.52}$$

$$\frac{d^2y}{dx^2} = -\cos x - b\cos x$$
$$= (-1)(\cos x + b\sin x) \tag{4.53}$$

という結果が得られる.

ここで,式 (4.51) と (4.53) とを見比べると,微分すると元の関数形が現われる指数関数との類似性に気づくのではないだろうか.ただし,微分演算を1回行なうごとに元の関数形の前に出るはずの係数部分が,2回掛け算を行なうと,式(4.53)の計算結果のように,2乗して-1になって欲しいという条件が課せられているようである.「2乗すると-1になる数」というのは 1.2.2 項で述べた虚数 i である.

先ほど示した $y=e^{bx}$ の微分と上記の三角関数の和を総合すると,$b=i$ の場合

$$e^{ix} = \cos x + i\sin x \tag{4.54}$$

という公式が成り立つことになる.これが,物理学においても極めて広く用いられる**オイラーの公式**である.

この公式は,微分計算になじんだ読者には別の方法で簡単に証明し直すことができる.つまり,左辺を2回微分すると,$d^2(e^{ix})/dx^2 = i^2 e^{ix} = -e^{ix}$ であり,これは,式 (4.51) に示した関数の2回微分の結果である式 (4.53) とまったく同じである.

この結論は,図 4.19 に示すような複素数軸を描いてみると,応用範囲が極めて広いことに納得できるのではないだろうか.なお,この図は図 1.25 の内容を描き換えたものである.図のように,横軸に実数軸,縦軸に虚数軸をとると,式 (4.54) の右辺の $\cos x$ が実数軸となり,$\sin x$ が虚数軸に表わされることになる.位相角 x(図 1.25 では θ)が増加する場合,図 4.19 に示すように,式(4.54)

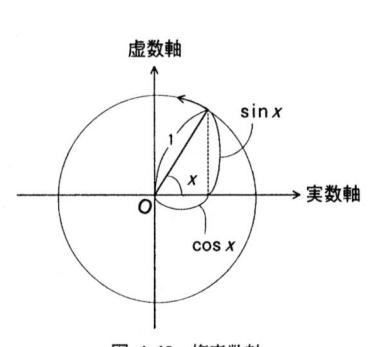

図 4.19 複素数軸

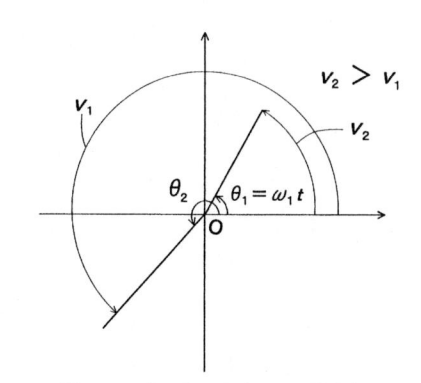

図 4.20 位相角 θ と波動の運動速度 v

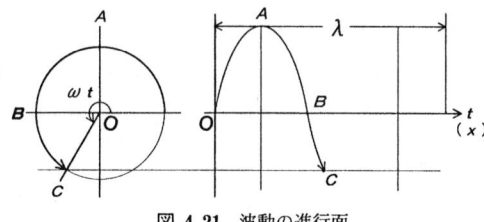

図 4.21 波動の進行面

の右辺が表現している量は反時計方向に回転するものとなる．したがって，左辺の指数関数 e^{ix} が表わしている内容も同様に回転する．

このような数学的表現が適用される代表的な物理現象は，すでに何度も登場している波動である．図 4.20 に示すように，位相角 θ の時間に対する増加の速さが波動の運動（回転あるいは振動）の速度に対応する．角速度は式 (2.3) に示したように，$\theta = \omega t$ という表現の ω で表わされる．例えば，波長を λ とすると，時間 t 経過後の波動の進行面は，図 4.21 に示すように，進行距離を x 軸に表わせば，原点から見て

$$x = \lambda e^{i\omega t} \tag{4.55}$$

の位置にあることになる．

なお，この部分の説明は，図 2.7～2.8 とそれらについての説明を参照していただくとわかりやすく，また理解も深まると思われる．

図 4.22 に示すように，波動の進行方向に x 軸をとると，波動が距離 x 進行

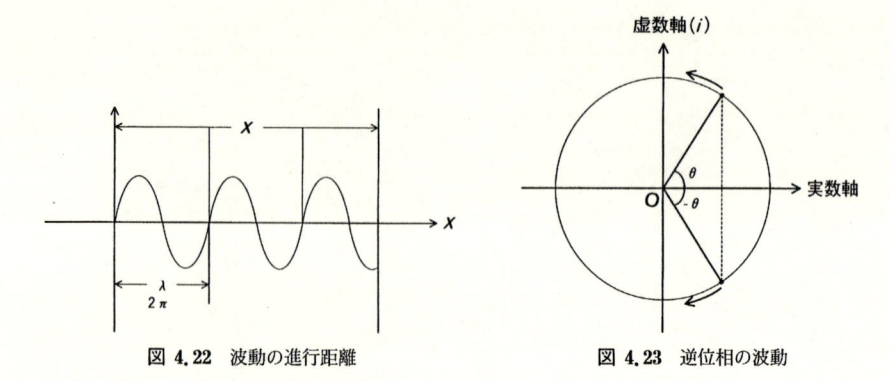

図 4.22 波動の進行距離   **図 4.23** 逆位相の波動

した場合には，原点からその位置までの間に x/λ 個の"波"が存在することになる．波長 λ の逆数は振動数（通常 "ν" という記号で表わされる）であるが，図 2.8 に示したように 1 回の運動（振動）は円でいえば 1 周に相当し，それは位相角 $\theta=2\pi$ に相当する．そして，位相角で表わした単位距離に存在する"波の数"を**波数** $\kappa=2\pi/\lambda$ と定義する．もう一度，図 2.8 と図 2.9 との関係をよく見ていただきたい．

結局，物理的な波動については，"位置"に関する変化と"時間"に関する変化があることが理解できる．指数関数 $e^{i\theta}$ を用いると，そのような波動の様子は

$$e^{i\theta}=e^{i(\kappa x-\omega t)} \tag{4.56}$$

と表現されることになる．

このように少し複雑な表現になっても，指数関数の微分，積分の規則は守られている．すなわち，常に

$$\left.\begin{array}{l}\dfrac{d(e^{iAx})}{dx}=iAe^{iAx}\\[2mm] \displaystyle\int e^{iAx}dx=\dfrac{1}{iA}e^{iAx}\end{array}\right\} \tag{4.57}$$

である．

以上の指数関数 e^{ix} の表現法に慣れるために，ここで試しに，図 4.23 に示すような完全に逆位相の波動を重ね合わせてみよう．第一の波動の位相角を θ，第二の波動の位相角を $-\theta$ とする．重ね合わせの結果は，実数軸上の振動成分のみが残り，虚数軸上の成分は打ち消し合って消滅することになる．そのことを数式で表現すると

$$e^{i\theta}+e^{-i\theta}=\cos\theta+i\sin\theta+\cos(-\theta)+i\sin(-\theta)$$
$$=2\cos\theta \tag{4.58}$$

となる.

■オイラーの公式の応用

以上のような計算結果は,われわれに新たな知識を与えてくれる.すなわち,三角関数は式(4.54)のオイラーの公式を用いると,指数関数 $e^{i\theta}$ による新しい定義式

$$\left.\begin{array}{l}\cos\theta=\dfrac{1}{2}(e^{i\theta}+e^{-i\theta})\\[4pt]\sin\theta=\dfrac{1}{2i}(e^{i\theta}-e^{-i\theta})\\[4pt]\tan\theta=-\dfrac{i(e^{i\theta}-e^{-i\theta})}{e^{i\theta}+e^{-i\theta}}\end{array}\right\} \tag{4.59}$$

で表現できるのである.

オイラーの公式が新たな"世界"を切り開く道具になり得る感触を持たれたのではないだろうか.この道具の使い方の例を以下に示す.

図 4.24 に示すように,大きさと位相が異なるさまざまな波動が多数存在している場合のことを考える.以下に述べることは,波動の**"重ね合わせの原理"**を理解する上で大いに役立つ概念である.個々の物理現象についてまだ学習が終っていない読者は,以下の記述の内容の雰囲気を味わってもらうだけでよい.

水面上で多数の波動が重ね合わされる場合を考えてもよいが,これから物理学を学ぶ読者が出会うであろう結晶学や固体構造論(本シリーズ『したしむ固

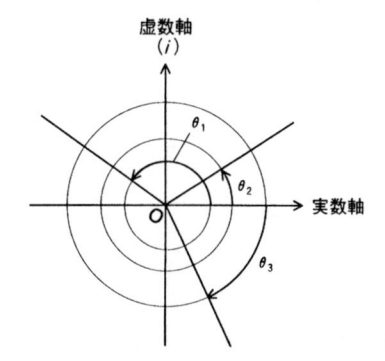

図 4.24 さまざまな大きさの位相の波動

体構造論』など参照）におけるX線回折や電子線回折を念頭に置くことにしよう．多くの場面で現われるのは

$$F = \sum_j A_j e^{i\theta_j} \qquad (4.60)$$

という数式による表現である．なお，A_j は j 番目の波動の振幅であり，F については後述する．

　X線回折の場合，振幅に相当するのは照射したX線を回折（反射と思ってもよい）する各原子の"能力"である．各原子で位相角が異なる理由は，試料に入射したX線がそれぞれの原子に到達するまでの距離と回折されたX線が検知器に到達するまでの距離がX線の波長（通常 $1.0 \sim 1.5 \times 10^{-10}$m 程度）に比べ各原子間で十分に大きく異なるからである．

　結晶質の物質では，同じ原子配置の原子団単位（**単位胞**と呼ばれる）が3次元的に規則正しく繰り返して結晶全体を構成するので，その単位胞の各原子についてのみ位相角をきちんと決定できれば，結晶全体に関する十分な情報が得られるのである．ただし，ここで注意しなければならないのは，X線の回折波は位置に関する位相ですべてが決まっていて，時間に対しては定在波（本シリーズ『したしむ振動と波』など参照）であることである．そのような"単位"についての回折波の合成を図4.25に示す．ここでは，各波動の"和"の図形的表現に注意していただきたい．多くの波動が重ね合わされて，最終的に，ある

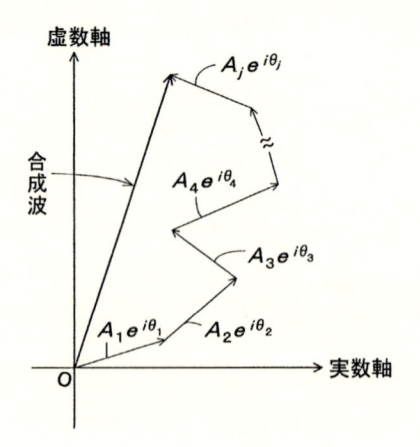

図 4.25　回折波の合成

大きな波動に集約されるわけである．X線回折学などでは，式（4.60）で表わされる"F"を**構造因子**と呼ぶ（加藤範夫『X線回折と構造評価』（朝倉書店）などを参照）．このような表現のもう少し詳しい解説を演習問題で取りあげるつもりである．

■**対数関数**

対数関数を用いる物理量，物理現象も大変多い．すでに，統計熱力学におけるエントロピー S については式（3.41）で説明した．以下，自然対数関数 $y=\ln x(=\log_e x)$ について述べる．

まず，自然対数関数の導関数を求めてみよう．ここでも記号を簡単にするために，$\Delta x = h$ として展開式を示す．

$$\begin{aligned}\frac{d(\ln x)}{dx} &= \lim_{h\to 0}\frac{\ln(x+h)-\ln x}{h}\\ &= \lim_{h\to 0}\frac{\ln\frac{x+h}{x}}{h}\\ &= \lim_{h\to 0}\left\{\frac{1}{x}\cdot\frac{x}{h}\ln\left(1+\frac{h}{x}\right)\right\}\\ &= \frac{1}{x}\lim_{h\to 0}\left\{\frac{x}{h}\ln\left(1+\frac{h}{x}\right)\right\}\end{aligned} \quad (4.61)$$

となる．

x がどのような値であろうと，$h\to 0$ の時，h/x もゼロに近づいていく．したがって，式（4.61）の lim の中の極限は

$$\frac{x}{h}\ln\left(1+\frac{h}{x}\right) = \ln\left(1+\frac{h}{x}\right)^{x/h} \quad (4.62)$$

となり，ここで $h/x = \alpha$ とすると

$$y = \ln(1+\alpha)^{1/\alpha} \quad (4.63)$$

という簡単な式になってしまう．

もし，この関数 y が，$\alpha\to 0$ の時，ある値 b に近づいていくとすると

$$\ln(1+\alpha)^{1/\alpha} = \frac{1}{\alpha}\ln(1+\alpha) = b \quad (4.64)$$

で，この式をこのまま計算してみると，$\alpha\to 0$ の時

$$e^{ba} = 1+\alpha \longrightarrow \frac{e^{ba}-1}{\alpha} \tag{4.65}$$

となる。この式は,指数関数の説明の際,式(4.50)で $\alpha\to 0$ ($h\to 0$)の時, $b=1$ となってもらいたいと考えた内容である。ここでも,指数関数と対数関数の「表裏一体の関係」が見出せるだろう。このことを数式で表わせば, $y=\ln x$ と $x=e^y$ とが「裏表」の関係にあるということである。

結論としては, $h\to 0$ の時,式(4.62)が1になれば,対数関数の微分は

$$\frac{d(\ln x)}{dx} = \frac{1}{x} \tag{4.66}$$

となる。当然

$$\int \left(\frac{1}{x}\right) dx = \ln x \tag{4.67}$$

という積分計算も成り立っている。

この結果は,関数 $y=x^n$ の項で残っていた「微分して x^{-1} となる関数はどのようなものか」という疑問の答えが,実は対数関数 $y=\ln x$ であったことを意味している。

ここで,まとめて確認しておきたい。

指数関数と対数関数の導関数はいずれも,内容的には同じである式(4.50)と(4.65)が成立していれば,極めて簡単できれいな関数に整理されるのであるが,それは対数関数の底が e の場合に限られる。ここでもう一度図3.26と図4.18をじっくりと眺めていただきたい。

■対数関数の応用例

対数関数の応用について簡単に紹介する。

ここでも,3.4節でとりあげた,エントロピーに関するボルツマンの式 $S=k_B \ln W$ について考えよう。

考えている物理系の状態数 W をグラフにすると,多くの系で,図4.26に示すようなエネルギー E との関係が描ける。ただし,ここで"状態数"と呼んでいるものは,例えば,この系が n 個の単原子の気体で構成されている時,1番目から n 番目までの原子のエネルギーが $E_1, E_2, \cdots E_n$ と指定される場合を1つの状態とし,全エネルギー E が取り得るすべての状態の数を意味する。図に示

図 4.26 エネルギー E と状態数 W との関係

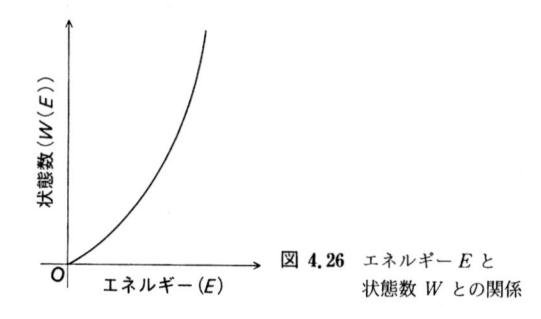

されるように，系が持つ全エネルギーが増加すると，系の取り得る状態数 $W(E)$ は急激に増加する．

系のエネルギーが変化する時，エントロピーはどのような変化をするのだろうか．この疑問に答えるための数学的操作が，エントロピーの式をエネルギーについて微分することになる．つまり，$S = k_B \ln W$ を E について微分するのであるが，その結果は

$$\frac{dS}{dE} = k_B \frac{d(\ln W(E))}{dE}$$
$$= \frac{k_B}{W(E)} \frac{dW(E)}{dE} \tag{4.68}$$

となる．実は，系がある全エネルギー値 E をとる場合について考えると，その時のエントロピーの変化状況を表わす上式は，熱量（エネルギー）Q とエントロピーの相互依存性を表わしており，定数 k_B が単位として Q/T，つまり熱量/温度を持っているので dS/dE の単位は温度の逆数 $(1/T)$ になる．これは，絶対温度の定義でもある．

以上の「熱力学」に関する事項の詳細については，本シリーズ『したしむ熱力学』などを参照していただきたい．

4.2.4 テイラー展開

物理学のあらゆる分野で，数式を使った論理展開が行なわれるが，**テイラー展開**ほど基本的な手法はないといえよう．物理学において，テイラー展開は四則演算，微分・積分と同等の割合で使われるといってもよいほど一般的である．

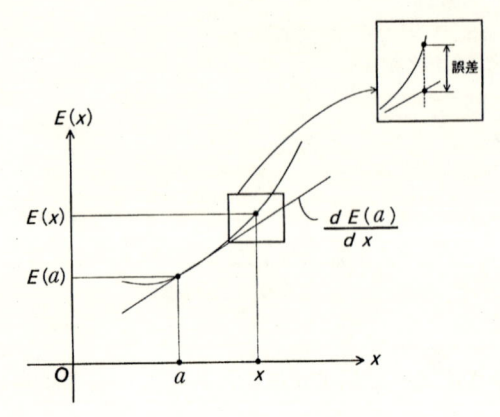

図 4.27 基本変数 x の関数 $E(x)$

また，テイラー展開は微分法の拡張の一種でもある．

物理現象の数学的表現に用いられる関数は，n 次関数，指数関数，対数関数，さらに三角関数など比較的単純なものだけではない．現実的には相当複雑な関数形でなければ表現できない現象もある．しかしながら，考えている現象を表現する関数が，ある物理量を基本変数として表現できることだけは保証されている場合がある．例えば，磁性体の自由エネルギー F (系全体のエネルギー状態を統計熱力学の対象として考える場合のエネルギー) が，磁性体の磁化 (M) の関数で表わされる場合や，誘電体の自由エネルギー F が，ある原子の結晶単位胞内における位置の"ずれ(x)"の関数として表現される場合の

$$F = F(M) \tag{4.69}$$
$$F = F(x) \tag{4.70}$$

などである．

例えば，図 4.27 に示すように，ある物体のエネルギー E が基本変数 x の関数として表現される場合，すなわち $E = E(x)$ について考える．この場合，変数の基準値を $x = a$ として，$E(a)$ から少し，あるいは"ある程度"離れた状態のエネルギーを考える．図 4.27 に示したように，$E(x)$ の関数形がどのようなものであれ，基準値 a から少し離れた状態のエネルギーであれば，その時の変数値を x として

$$E(x) = E(a) + \frac{dE(a)}{dx}(x-a) \qquad (4.71)$$

のように近似的に表現できることは納得できるだろう．このことは図4.27の内容に対応している．

では，"近似的"にではなく，もっと正確にエネルギー値を知りたい場合はどうしたらよいだろうか．そのことは，図4.27の中の拡大図で"誤差"として残された部分を"追いかける"ことに相当する．この誤差をあくまで図形的に考えると，変数 x の存在する位置の前後でエネルギー E の曲線の傾きが変化しているにもかかわらず，それを考慮していないことに誤差の発生原因があることが理解できるだろう．そこで，基準値 a における傾き dE/dx の変化，つまり d^2E/dx^2 に注目すると，関数 $E(x)$ の傾きについて

$$\frac{dE(x)}{dx} = \frac{dE(a)}{dx} + \frac{d^2E(a)}{dx^2}(x-a) \qquad (4.72)$$

という表現を得る．式 (4.72) について，$(x-a)$ を基本的な間隔として積分すると

$$E(x) = E(a) + \frac{dE(a)}{dx}(x-a) + \frac{1}{2}\frac{d^2E(a)}{dx^2}(x-a)^2 \qquad (4.73)$$

という表現に到達する．

これがテイラー展開の基本である．数学的には，n 階微分項まで続く表現について説明しなければならないが，物理学上の多くの問題では，式 (4.73) に示す2階微分項までの表現で十分であり，それ以上の次数の項が重要になることはほとんどないのである．

4.3 偏微分と微分方程式

4.3.1 偏微分

式 (4.54) に示したオイラーの公式は，実数軸と虚数軸に示される2種類のまったく異なる数値の和で表現される極めて"数学的"なものであった．その「$e^{ix} = \cos x + i \sin x$」という内容は，一般化すれば $A = B + iC$ という表現や $z = ax + by$ という関数と類似のものである．つまり，広い意味で考えると，ある1つの量が2つの要素によって表現されているわけである（このような"現象"

を理解することは,物理学においてのみならず,人生においても極めて重要と思われる).これらの表現で,右辺の第1項と第2項の量はそれぞれ加えたり引いたりすることができない独立の数値(**独立変数**)である.実数軸上の量を虚数軸の量に,あるいはx軸に表現された量をy軸上の量に直接変換することはできないのである.

そのような場合の最も単純な例として

$$z = ax + by \tag{4.74}$$

という関数について考えてみよう.

この関数は,変数である(x, y)の数値を指定すると,数値zが求まることを意味している.実際,このような現象は物理学の分野に限らず世の中にも多く見られるのである.例えば,ある技術系の会社の技術力をx,営業力をyとすれば,その会社の総合力zは式(4.74)のように表現できるだろう.また,ある人物の知能程度をx,人格をyで表わせば,その人物の価値も式(4.74)で表現できるかもしれない.いずれの場合も,係数a, bは社会情勢や環境によって変化するだろう.

さて,物理数学に戻って,式(4.74)で表わされるような関数の,それぞれの変数についての微分と積分について考えよう.

いま,変数としてxとyの2つがあることを知っているのであるが,まず1つの変数xのみに着目し,他の変数yはあたかも定数のように変化しないとみなした場合の微分について考える.この場合の微分記号は"dz/dx"の替わりに"$\partial z/\partial x$"というものを用いる.この"$\partial z/\partial x$"という記号の意味は「いま考えている関数zの値を左右する変数が2個(以上)あることを知っているが,いまは他の変数の変化については目をつぶって,変数xのみの変化が関数zの値をどのように変えるのかを考える」という"宣言"である.このような微分を**偏微分**("偏"は"かたよっている"という意味である)と呼ぶ.

式(4.74)で表わされる関数zの値は,図4.28に示すように,x軸方向とy軸方向の2つの変化率を持っている.つまり,偏微分係数(接線の傾き)はx軸方向とy軸方向で異なるわけである.図に示されるように,z値の変化dzはx値とy値の変化の和として

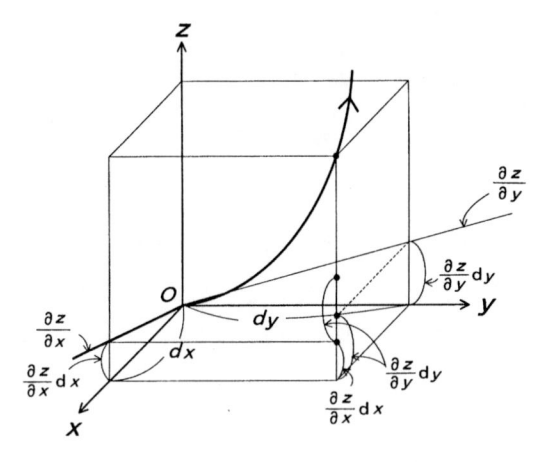

図 4.28 関数 $z = ax + by$ とその接線

$$dz = \left(\frac{\partial z}{\partial x}\right)dx + \left(\frac{\partial z}{\partial y}\right)dy \tag{4.75}$$

のように表現される．

関数 $z = ax + by$ の場合，$\partial z/\partial x = a$, $\partial z/\partial y = b$ であることが偏微分の定義から明らかであるから，式 (4.75) は

$$dz = a \times dx + b \times dy \tag{4.76}$$

となる．

また，$z = cxy$ の場合は，$\partial z/\partial x = cy$, $\partial z/\partial y = cx$ となり，$dz = cy \times dx + cx \times dy$ となることは了解できるだろう．

偏微分の物理学における具体的な応用例として，すでに何度か触れた理想気体の状態方程式について考えてみよう．

理想気体の状態方程式は

$$PV = nRT \tag{3.9}$$

というものであった．これを圧力 P についての表現

$$P = \frac{nRT}{V} \tag{4.77}$$

に直し，圧力が体積 V と温度 T にどのように依存するかを数学で表現すると

$$dP = \frac{\partial P}{\partial T}dT + \frac{\partial P}{\partial V}dV$$

$$= \frac{nR}{V}dT - \frac{nRT}{V^2}dV \tag{4.78}$$

となる.

このような簡単な例からも予想できるように,いろいろな変数によって決まる物理量(それらが実験的測定対象になる)を表現しようとする場合,この偏微分の考え方が非常に重要であることを是非とも理解していただきたい.

4.3.2 微分方程式

微分方程式の考え方については,すでに4.2.1項で簡単に述べた.それは,ある物理現象が微分を含む方程式で示されている場合,図4.7に示すような関係から,微分する以前の物理量間の関数関係を導き出そうとするものである.

以下,本章で述べてきたことを基礎にして,バネの運動を具体例として微分方程式について考えみよう.

図4.29に示すように,バネがxだけ伸びた時,バネは物体を$-kx$の力で引き戻そうとする.つまり,バネの力が"$-kx$"で表現されることになる.一方,質量mの物体に働く力は,質量とその速度の時間変化の積であり,それが$-kx$に等しいわけであるから

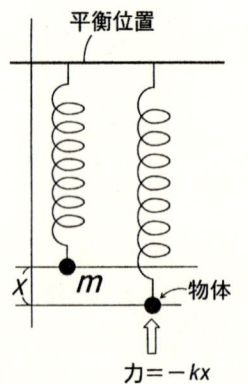

図 4.29 バネの運動

$$m\frac{d^2x}{dt^2} = -kx \tag{4.79}$$

という関係式が得られる．これが，バネと物体の"力関係"について導かれた運動方程式，すなわち微分方程式である．この関係式は「2 階微分したら元の形 (x) に戻る関数は何か」という問題を提示していることになる．

ここで，記憶力のよい読者は

$$\frac{d(\cos x)}{dx} = -\sin x \tag{4.27}$$

$$\frac{d(\sin x)}{dx} = \cos x \tag{4.28}$$

を思い出すかもしれない．式 (4.27)，(4.28) をそれぞれもう一度微分すると

$$\frac{d^2(\cos x)}{dx^2} = -\cos x \tag{4.80}$$

$$\frac{d^2(\sin x)}{dx^2} = -\sin x \tag{4.81}$$

が得られる．これらの式は，式 (4.79) と同形になっていることに気づくだろう．つまり，この計算結果は，符号を含めて，式 (4.79) の微分方程式の解になり得ることが理解できる．

微分方程式の最も基本的なものとして，すでに

$$\frac{dE(x)}{dx} = 0 \tag{4.14}$$

を示してあるが，上記の例を一般化すれば

$$\frac{dy}{dx} = f(x) \;\rightarrow\; y = \int f(x)\,dx \tag{4.82}$$

$$\frac{d^2y}{dx^2} = f(x) \;\rightarrow\; \frac{dy}{dx} = \int f(x)\,dx$$
$$\rightarrow\; y = \int\left(\int f(x)\,dx\right)dx \tag{4.83}$$

$$\frac{dy}{dx} = \frac{1}{f(x)} \;\rightarrow\; y = \int \frac{1}{f(x)}\,dx \tag{4.84}$$

のように表現できるだろう．

式 (4.82) の形の微分方程式の簡単な例は、すでに説明したように、一定速度 v で運動している物体の時間ごとの移動距離を知ろうとする場合である。すなわち、

$$\frac{dx}{dt} = v \rightarrow x = \int v dt \rightarrow x = vt + C \tag{4.85}$$

となる。この式の最後につけた"C"は**積分定数**と呼ばれるもので、上記の問題でいえば、出発点の x 座標である。この積分定数が重要でない多くの問題もあるが、上の問題のように、ある一定時間運動した後の物体の位置 (x 座標) 自体を知りたいような場合は欠かすことができないことが理解できるであろう。

式 (4.83) の形の微分方程式が上述のバネの運動であった。

式 (4.84) の形の微分方程式の具体例は、すでに何度か論じた電位と電場の関係で

$$\frac{d\phi}{dx} = \frac{d(-CQ/x)}{dx} = \frac{CQ}{x^2} \tag{4.86}$$

と表現される。これは一見、微分方程式の形になっていないと思われるかも知れないが、よく見れば、$y = \phi$ であって、式 (4.84) の形の微分方程式であることが理解できるだろう。

指数関数 e^x 型の解を持つものなど、上にあげた微分方程式以外にも、いくつもの重要な微分方程式もあるが、ここでは考え方を説明することを主旨とし、これ以上の詳細については数学の教科書に譲ることにしたい。

チョット休憩● 4

ライプニッツとニュートン

この 2 人の知的巨人を短いコラムで論じることは難しいが、簡単な紹介という気持ちで述べたいと思うので、ぜひ読者自身で、より詳しい伝記等にあたってみていただきたい。

ライプニッツ (Gottfried Wilhelm Leibniz, 1646—1716) は、現在のドイツのライプツィヒで知識階級の家庭に生まれた。はじめに法律学を学んだようであるが、彼は、ある意味で万能の天才であるので、哲学、法律学、言語

学，数学など多くの分野でそれぞれ，普通人であれば，十分に一生分の仕事をなしたといえる．例えば，哲学分野でよく知られているのはライプニッツの「モナド」である．デカルトが物質を連続と捉えたのに対し，彼は「モナド論」によって，生命と意識さえを持つ原子を世界の根源として考えた．両者の対立は，広義に解釈して換言すれば，物質は連続する波動か，あるいは不連続な粒子かという，量子力学の問題にまで容易に発展させられるのである．

彼の数学研究は，26歳のときホイヘンス（1629-1695）に数学を学ぶことから本格的になったようである．微分積分学に対する彼の基本姿勢は，「曲線の接線を引いて直線を得ることと，与えられた直線を接線とする曲線を求めることは，ちょうど"逆問題"である」，という幾何学と解析学の両方にまたがる純粋な数学的問題であった．この発想は後述するニュートンの発想とは明瞭に異なる．また，彼の物理学における考え方は，デカルトが運動（量）に重きをおいたのに対し，"力"と，現代流にいえばエネルギーに中心をおくものであった．実は，この点が上述の哲学的なモナド論と強く相関しているのである．

また，彼は現在の数学基礎論や論理学の基礎となった言語も含む広範な形式論理学の構想を描いていたが，これは彼の多忙のために着想だけで具体的な成果とならなかった．ただし，彼のこの分野の能力は，今日微分演算子に用いられる「d/dx」や積分記号「$\int$」を，彼が提案したことにも生かされていると考えられる．

彼は，以上のような多方面の重要な知的活動を行ったが，実人生における活動では，法律，行政の専門家としてのそれが，もっとも顕著である．彼は，ハノーヴァー選帝侯の外交官として活動し，ナポレオンのエジプト遠征などを，自国の政治的安全のために画策することなども行ったらしい．結局，ハノーヴァー宮廷の顧問官やベルリン学士院院長などを歴任したが，どういうわけか，最終的には閑職にまわされ，死後，さびしく共同墓地に埋葬されたようである．

一方，ニュートン（Isaac Newton，1642-1717）は，比較的裕福な地主階級に生まれ，ケンブリッジ大学のトリニティカレッジに学んだ．彼とライプニッツの共通点は，彼も粒子や質点を発想の原点に選ぶ人であったことである．彼の光学研究でも，波動としての光よりも，粒子としての光（光子）の立場にこだわったし，微分積分学でも，2物体の運動時の相対的な速度とその変化率に注目して研究を進めた．

ちなみに，彼の微分法は，当初，ある量の増加の増加率を考えることから思考が始まっており，"流率法"と訳すべき名称で呼ばれていた．逆に積分法は"流量法"と呼ばれていたようである．簡単にニュートンの考え方を紹介すると，2つの運動物体間の軌跡が $y = ax$ と表現できる場合，"瞬間の移動距離"を"o"とすると，$y + yo = a(x + xo)$（y, x が"変化率"である）が成立し，結局

$y/x=a$ となって，うまく瞬間の移動距離は消えてくれる．この最終結果は今日の記法では，$dy/dx=a$ である．

　ニュートンは学界ではケンブリッジ大学ルーカス教授職を務めたが，より世間的な名誉に無関心ではなく，英国造幣局長官，国会議員などを歴任した．彼の場合は，その死去も国家的できごととして扱われ，亡骸はウェストミンスター寺院に葬られた．ちなみに，英国の数学界が18世紀に一時停滞したのは，ニュートンの微積分学の名誉を守らんとして，英国側がヨーロッパ大陸における微積分学の発展に，無関心を装ったためともいわれている．それだけ，ニュートンの「力」は偉大だったのである．ちなみに，いまではほとんど見かけないが，ニュートンは長らく英国の1ポンド紙幣の「顔」であった．

■演習問題

4.1 日常の物理現象で微分や積分の考え方を使っている例を挙げ，それがどのように使われているか説明せよ．

4.2 以下の導関数を物体の運動に適用する場合，$x+h$ における h がどこまで小さくなれば"十分"といえるか，自分の考えを述べよ．

$$\lim_{h \to 0}\{(x+h)-x\}/h$$

4.3 以下の数式を証明せよ．

$$(x^n-h^n)/(x-h)=x^{n-1}+x^{n-2}h+x^{n-3}h^2+\cdots+xh^{n-2}+h^{n-1}$$

ヒント：$(x-h)$ を右辺に掛けて計算する．

4.4 積分法の説明にある"短冊"は底辺の長さが Δx であるが，この Δx は問題4.2の h とどのような関係にあるだろうか，説明せよ．

4.5 速度 v で運動する物体の移動距離と積分法との関連を自分の言葉で説明せよ．

4.6 関数 $y=\exp(ix)$ を4回続けて微分すると，どのような関数になるか．

4.7 ギリシア人は静的な，完全調和の世界を深く信じ，愛したといわれる．一方，近代になって，人間が獲得した新しい知識，智恵は，変化するもの，あるいは，小さくて直感的には十分把握できないものを表現しようとすることであるといわれる．このような近代の考えと微分積分学の発展とは深く関連しているが，それはどのような関連か．自分の考えを述べよ．

5 ベクトルとベクトル解析

　自然現象を扱う物理学には，長さ，距離，時間，速さ，質量，エネルギー，などなどの物理量が登場する．これらの物理量を導入し，それらを数学的に処理することによって，自然現象を定量的に把握することが可能になるのである．また，本書のテーマである"物理数学"が一般の"数学的数学"と大きく異なるのは，このような具体的な物理量を具体的に扱う点にある，ともいえる．

　実は，いま上に挙げた長さ，距離，…，エネルギーという物理量は"大きさ"だけで決まる**スカラー**と呼ばれる量である．物理学に登場する物理量には，これらのほかに，"大きさ"だけでは決まらない速度，加速度，力，電場，磁場，などの物理量もある．これらの物理量は"大きさ"のほかに"向き（方向）"を考えなければならない．本書でも，すでに何度も触れた物体の運動などのことを考えれば，さまざまな物理現象を扱う上で，物理量の"向き"の重要性は，特に説明するまでもないだろう．"大きさ"だけで決まる量であるスカラーに対して"大きさ"と"向き"を有する量を**ベクトル**と呼ぶ．

　ベクトルは物理現象を表現する上で，また，物理現象を動的に理解する上で極めて重要である．本章では，ベクトルの基礎，演算法を物理現象に則して学ぶことにする．

5.1 ベクトルの基礎

5.1.1 スカラーとベクトル

　自然界の事象には，図5.1に示す地図の等高線のように，それぞれの場所(位置)によってある数値（標高）が決まっているものと，図5.2に示した気象図の風力分布のように"大きさ（数値）"と"向き"の二つの要素によって表わされるものが存在する．

　また，現実的には起こりにくいことかも知れないが，ある人がある人に「交差点 X から速さ v で時間 t だけ運転してきて下さい．そこが P 点ですが，私はそこで待っています．」といって待ち合わせたとする．しかし，待ち人は時間 t をはるかに過ぎてもこない．待ち人は，確かに速さ v で時間 t だけ車で走ったのであるが，交差点 X からの方向が異なっていたのである．これは，走行の向きを指定しなかったために生じたトラブルであった．

　前述のように，"大きさ"のみで決まる量は**スカラー**と呼ばれる．図5.1に示した標高や温度，密度などは"向き"を考える必要がないスカラー量である．一方，図5.2に示した風力や単なる"速さ"と異なる速度は"大きさ（強さ）"と"向き"を指定しなければ十分な意味を為さない**ベクトル**量である．

　物理量の中には，"大きさ"と"向き"の両者を指定（測定）しなければならないものが少なくない．思いつくままに並べてみても，原子内部の電子の角運

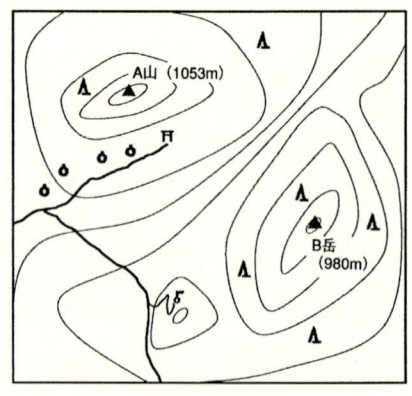

図 5.1　等高線

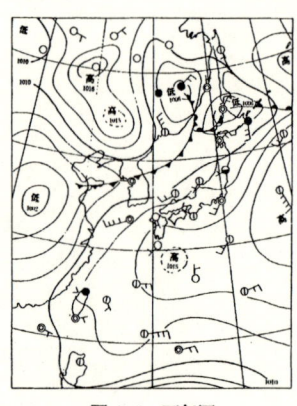

図 5.2　天気図

5.1 ベクトルの基礎

図 5.3 2個の磁石間の鉄粉体

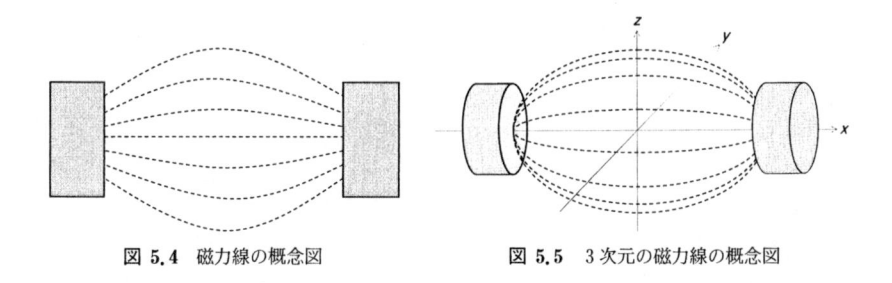

図 5.4 磁力線の概念図　　**図 5.5** 3次元の磁力線の概念図

動量，流体の運動，固体の内部の歪，応力など，さらに太陽系のような極めて大きな惑星系空間内の物質の運動など，小さなスケールから大きなスケールのものまで，多くの物理現象はベクトルで表現されるものである．

例えば，図5.3のように，2個の磁石の間の空間に置かれた細かい鉄粉を観察してみよう．鉄粉は，なぜか左右の磁石をつなぐ何本かの線上に並ぼうとしているかのように見える．実は，2個の磁石の間には，図5.4に模式的に描くように，ベクトルとしての磁力線が存在し，図5.3の鉄粉の分布は，そのようなベクトルを目に見える形にしたものなのである．図5.3, 5.4に示される写真と図は2次元的なものなので，上記のベクトルは x-y 平面上に存在する2次元ベクトルということになる．しかし，2個の磁石間の空間は，実際には3次元空間であるので，実際の磁力線を立体的に描けば図5.5のようになる．この場合は，3次元の x-y-z 空間でベクトルを表現しなければならない．

5.1.2 ベクトルの表現

ベクトルを図で表わす場合には，図5.6のように矢印を用いる．矢印の"長さ"はベクトル量の"大きさ"を示し，矢印の"向き"は，そのままベクトル量の"向き"でもある．ベクトル A と"大きさ"が同じで，"向き"が正反対なベクトルは $-A$ と表示される．

なお，ベクトルを文字で表示する場合，"A"という太文字を使う場合と"$\vec{A}$"のように"A"の上に"→"を乗せる場合があるが，本書では前者の表示法を用いることにする．

ある点をベクトルの始点（原点）として決めると，2次元ベクトルと3次元ベクトルは，それぞれ

$$A = (x, y) \tag{5.1}$$

$$A = (x, y, z) \tag{5.2}$$

と表示される．ここで(x, y)，(x, y, z)はそれぞれのベクトルの終点の，2次元平面あるいは3次元空間における座標である．この(x, y)あるいは(x, y, z)はベクトルの内容を表現するものであり，平面あるいは空間座標の各方向の"大きさ"であり，これらは**ベクトルの成分**と呼ばれる．つまり，このようなベクトルの表現方法は，第2章で説明した平面あるいは空間内の位置の座標表示法と同じである．

例えば，人物の総合的な能力を（知力，体力，人格）の3成分（項目）で表わし，総合力を3次元ベクトルの大きさで評価することを考える．思い切って単純化し，各成分について5段階評価した場合

$$人物\ A = (5, 4, 5)$$
$$人物\ B = (2, 3, 3)$$

となれば，人物Aは人物Bよりも優れた人物ということになる．しかし，

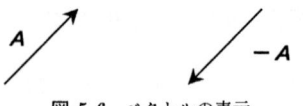

図 5.6 ベクトルの表示

5.1 ベクトルの基礎

人物 $A = (5, 3, 3)$
人物 $B = (3, 5, 3)$
人物 $C = (3, 3, 5)$

のような結果になった場合，どの人物が最も優れているかという結論を下すのは困難である．それは，環境，状況に応じた3項目のそれぞれの"重み"に依存することであろう．

読者は上記のような例をひどい単純化だと思うかも知れないが，学校の成績を教科ごとの偏差値で表わしたり，勤務する会社での人物評価など，社会のさまざまな場面で，このように単純化された評価法が用いられているという事実は否定できないのである．もちろん，それが正しいかどうかはまったく別の問題である．

さて，話を数学のベクトルに戻す．

x-y 平面あるいは x-y-z 空間を直交座標系で表わし，x, y, z の各軸の方向に基準単位の大きさ（通常は1とする）を持つベクトルをそれぞれ i, j, k（これらは**単位ベクトル**あるいは**基準ベクトル**と呼ばれる）とすると，式 (5.1)，(5.2) はそれぞれ

$$A = xi + yj \tag{5.3}$$
$$A = xi + yj + zk \tag{5.4}$$

と表現される．式 (5.4) の内容を図示したものが図 5.7 である．

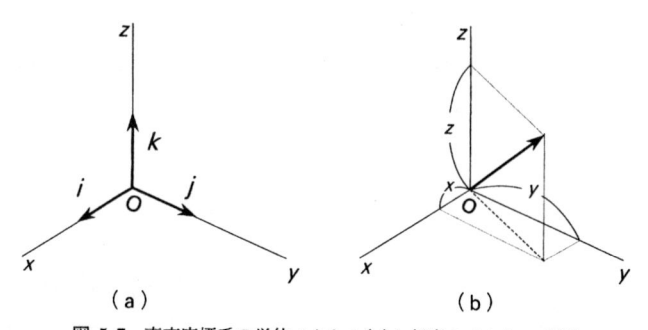

図 **5.7** 直交座標系の単位ベクトル(a)と任意のベクトルA(b)

5.2 ベクトルの演算

5.2.1 和と差

　物理現象には加減計算が単純に成り立つものが多くある．例えば，時速40 km で走行している自動車から時速 50 km で同じ方向に走行している自動車を見ると，あたかも時速 10 km で進んでいるように見える．これは，よく知られた「ガリレオの相対性」である．また，これまでに何度か説明した磁場や電場のように，例えば磁場 a エルステッド (Oe) が存在する場合に，さらに b エルステッドを加えると，その位置の磁場は単純に $a+b$ エルステッドになる．このような現象では"重ね合わせが可能である"という（117 ページで触れた波動も典型的な"重ね合わせが可能な現象"である）．

　ところが，図 5.8 に示すように，2 台の自動車の時速（速さ）は上述の例と同じでも，時速 50 km の自動車Bが時速 40 km の自動車Aの進行方向と，ある角度 θ を持つ方向に進んでいる場合は話が別である．例えば，θ がたまたま約 37° であれば，自動車Aから自動車Bを見ると，段々遠ざかりつつあるものの，いつもほぼ同じ速さで並走しているように見えるであろう．その理由は，図 5.8 に示すように，自動車Bの自動車Aの進行方向の速度成分がほぼ 40 km だからである．自動車Aの進行方向の単位ベクトルを i として，それに直角方向の単位ベクトルを j とすると，自動車A，Bの進行状態を表わす速度ベクトルは

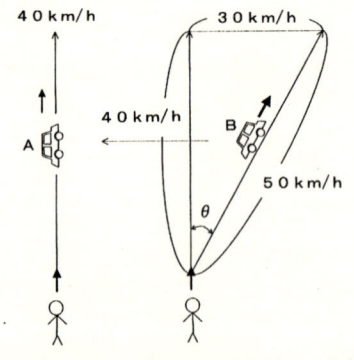

図 5.8　走行する自動車の速度(速さと方向)

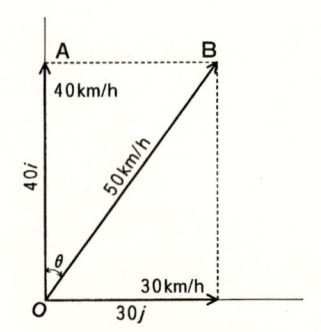

図 5.9　直交座標上の自動車 A，Bの速度ベクトル

$$A : 40i$$
$$B : 40i + 30j$$

となる．これを図5.7に示す直交座標にならって表わせば図5.9のようになる．A，B2台の自動車が同時に出発した地点（図5.9の O）に立って2台の自動車を見ている人にとっては，自動車Aは自分から真っすぐに（ベクトル i 方向に）離れながら進んでいるのに対し，自動車Bは時速30kmでどんどんベクトル j 方向にずれていってしまうように見えるのである．

結局，ベクトルの和や差は，単位ベクトルの成分に分解して考えればよいことになる．

例えば，$A = 40i + 30j$，$B = 10i + 20j + 60k$ の場合，

$$A + B = (40+10)i + (30+20)j + (0+60)k$$
$$= 50i + 50j + 60k$$
$$A - B = (40-10)i + (30-20)j + (0-60)k$$
$$= 30i + 10j - 60k$$

となる．これらの計算は誠に簡単であろう．要は，各成分を混同せずに，同じ単位ベクトルの成分について通常の加減計算を行なえばよいのである．

前章で実数軸と虚数軸で表わした複素数の場合として，振動や波動を表わす

$$e^{ix} = \cos x + i \sin x \tag{4.54}$$

を示したが（図4.19参照），この式を書き改めた

$$F = Ae^{i\theta} = A\cos\theta + iA\sin\theta \tag{5.5}$$

も一種のベクトル表現である（図4.24，4.25，5.9参照）．すなわち，実数軸方向（$\cos\theta$ 方向）と虚数軸方向（$\sin\theta$ 方向）の値の"和"として波動が表現されているのである．

前章の118ページで触れた結晶の単位胞内の各原子からのX線回折現象で，もし N 個の原子がそれぞれX線を回折すると，式(5.5)のような波動の位相（θ）も各原子ごとに異なる．そこで，単位胞全体の合成波動はそれぞれの原子

図 5.10 ベクトルの重ね合わせ

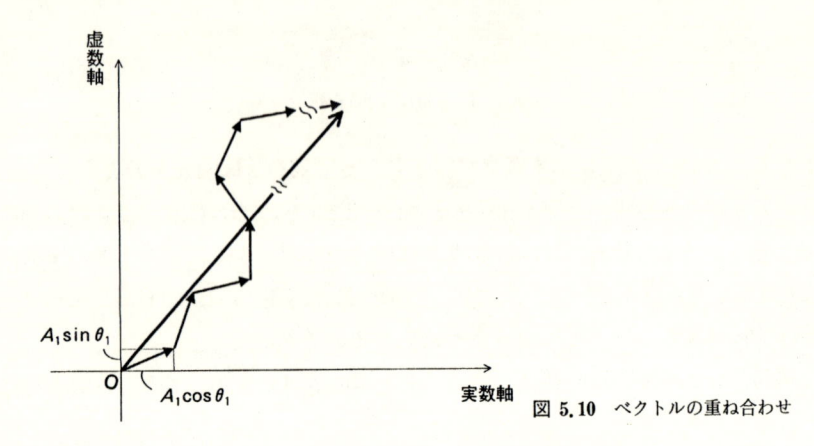

の回折波の重ね合わせとして表現されるのである．すなわち

$$\sum F_j = \sum A_j \cos \theta_j + i \sum A_j \sin \theta_j \tag{5.6}$$

となる（式 4.60 参照）．

現実に観測される回折X線の強度（$|F_j|$）はベクトルの絶対値であるので，図 5.10 に示すように，各成分の加減計算の結果のみが考慮されることになる．結局，合成された回折波動は

$$|\sum F_j| = \sqrt{(\sum A_j \cos \theta)^2 + (\sum A_j \sin \theta)^2} \tag{5.7}$$

の強度を持つことになる．

このように，ベクトルの加減計算はそれほど複雑なものではない．通常の数値の加減計算とまったく同じ計算式の取り扱いができるのである．例えば，

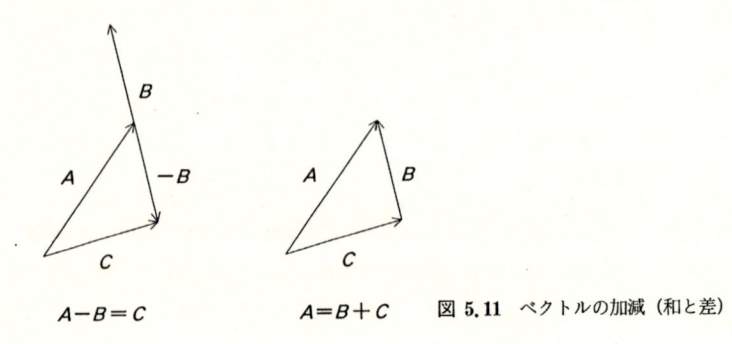

$A-B=C$　　　$A=B+C$　　図 5.11 ベクトルの加減（和と差）

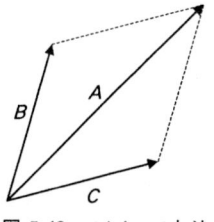

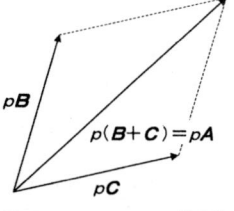

図 5.12 ベクトルの加法　　　図 5.13 ベクトルの倍変換

図5.11に示すように，$A-B=C$という表現で表わされる計算内容は$A=B+C$であることが図の上でもよく理解できるであろう．$A=B+C$は，一般的にBとCを2辺とする平行四辺形の対角線をAとする図5.12に示すような図でも表わされる．また

$$A+(-A)=0 \tag{5.8}$$

は明らかであろう．

さらに，図5.13に示すように

$$pB+pC=p(B+C)=pA \tag{5.9}$$

も容易に理解できるだろう．これをベクトルの**倍変換**と呼ぶ．

5.2.2　積
■スカラー積（内積）

ここで，物理学における"仕事（W）"の定義を思い出してみよう．「物体に力Fを作用させ，距離Lだけ動かした時の〈$F \cdot L$〉」と定義されるのが物理学上の"仕事"である．これを数式で表わせば

$$W = F \cdot L \tag{5.10}$$

となる．実は，この"力F"と"距離L"はベクトル量であり，力の向きと物体の移動の方向とが一致すると力のする仕事Wが最大になり，それらが互いに直交する場合はWはゼロになる．これを数学的に表現すれば，力の向きと移動の方向との間の角度をθとすれば，仕事Wは力の移動方向の成分$F\cos\theta$

図 5.14 仕事の定義

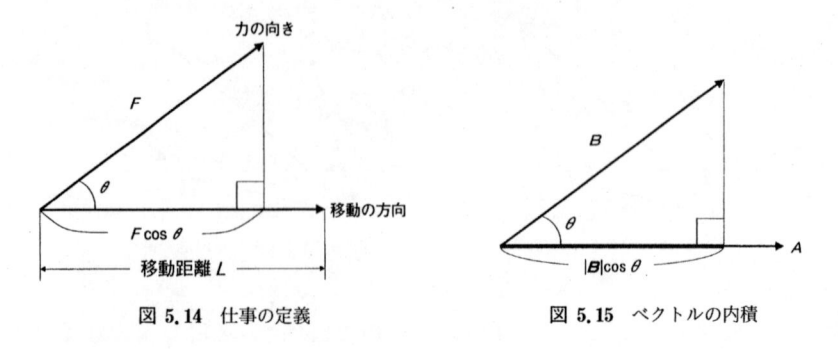

図 5.15 ベクトルの内積

に移動距離 L を掛けたもので

$$W = F\cos\theta \cdot L$$
$$= FL\cos\theta \tag{5.11}$$

で与えられる（図 5.14 参照）．

図 5.14 に示される例のように，物理学では 2 つのベクトル物理量を掛け合わせて新しい物理量が定義されることが少なくない．その一つが，〈ベクトル〉・〈ベクトル〉=〈スカラー〉のように，新しい物理量がスカラーになる場合である．

いま，図 5.15 に示すような 2 つのベクトル A, B を考える．ベクトル A, B 間の角度 θ は $0 \leq \theta \leq 2\pi$ とする．図 5.14 と図 5.15 を参照していただきたいが，式 (5.11) が意味するのは，ベクトル A の長さ ($|A|$) に，ベクトル B がベクトル A 方向に落とす影の長さ，すなわち $|B|\cos\theta$ を掛け合わせることである．そのような"積"は当然，スカラーになる．このようなベクトルの積を**内積**あるいは**スカラー積**と呼び

$$A \cdot B = |A||B|\cos\theta \tag{5.12}$$

という数式で表現する．$\theta = \pi/2$ の時，つまり両ベクトルが直交する場合は $A \cdot B = 0$ となる．

このようなベクトルの掛け算で表わされる物理現象は少なくない．例えば，流速をベクトル A で表わされるような均質な"流れ"が存在していて，その流れがベクトル B 方向に，どの程度の"成分"つまり"作用する能力"を持つかを知ろうとする場合である．物理学における具体的な例としては，図 5.16 に示す

図 5.16 磁場 H と磁気分極 J

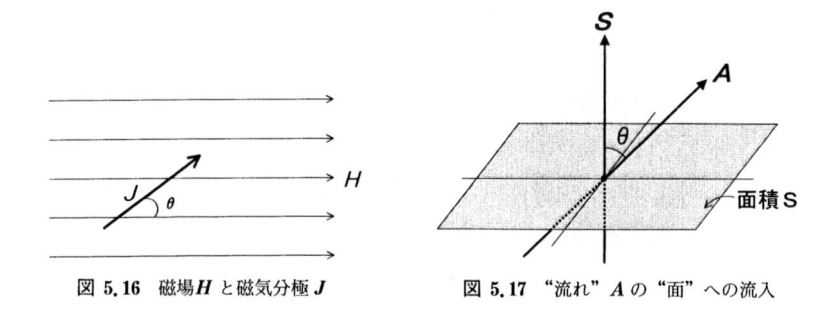

図 5.17 "流れ" A の "面" への流入

ように，均質磁場 H がある方向に存在していて，その中に磁気分極 J を置いた場合がある．このような場合，磁気分極の持つエネルギー E は

$$E = -\boldsymbol{J}\cdot\boldsymbol{H}$$
$$= -|\boldsymbol{J}|\cdot|\boldsymbol{H}|\cos\theta \tag{5.13}$$

のようにスカラー積で表現される．式の頭にマイナス符号がつけられているのは，$\theta=0$ の時にエネルギーが最低になるように考えるためである．つまり，H と J とが直交する（$\theta=\pi/2$）時，エネルギーが最大になる．

ベクトルのスカラー積について，もう一つ重要な例をあげよう．

図 5.17 に示すように，面積 S の面に流速，流量をベクトル A で表わされるような均質な "流れ" が流入するとする．このような場合，これまでの例を少し発展させた考え方を用いると便利である．つまり，考えている面に垂直に，面積に比例する大きさのベクトルを導入するのである．このようなベクトルを S とし，それが A と成す角度を θ とする．

面 S と "流れ" が平行な場合，すなわち $\theta=\pi/2$ の場合には，面 S を通る "流れ" はない．一方，面 S と "流れ" が垂直な場合，すなわち $\theta=0$ の場合は，式(5.12) からも明らかなように，面 S は "流れ" を一杯に受け止めることになる．

このような考え方は多くの物理現象の理解に応用される．例えば，図 5.18 に示すように，電荷 Q から発生する電気力線密度（図 1.16 参照）をベクトル A で表わし，その電荷を取り囲む球面の単位面積をベクトル S で表わせば，その単位面積を通過する電気力線量は，まさに，スカラー積 $A\cdot S$ となる．

この場合，電荷 Q から発生する電気力線の総量（図 1.16 参照）は，以下のよ

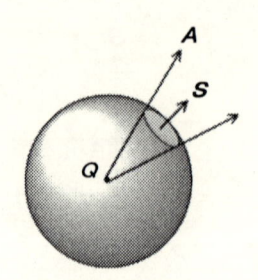

図 5.18 電荷 Q から発生する電気力線

うに，その球面すべてを被いつくすように面積 S の総和についてスカラー積を求めることで得られる．つまり，数式で表現すれば

$$\sum \boldsymbol{A} \cdot \boldsymbol{S} = \sum |\boldsymbol{A}||\boldsymbol{S}|\cos\theta \tag{5.14}$$

となる．この数式が意味するのは球面上のベクトル $\boldsymbol{A}$ の総和であり，それは，電気力線密度が方向によって異なる場合においても成り立っている．．

さらに，図 5.18 から理解できるように，球面上では電気力線ベクトル $\boldsymbol{A}$ と面積ベクトル $\boldsymbol{S}$ はどこでも平行，つまり $\theta = 0$ なので $\cos\theta = 1$ となり，式 (5.14) は

$$\sum \boldsymbol{A} \cdot \boldsymbol{S} = \sum |\boldsymbol{A}||\boldsymbol{S}| \tag{5.15}$$

となり，計算結果は球面の面積（$=\sum|\boldsymbol{S}|$）と電気力線密度の絶対量（$=|\boldsymbol{A}|$）の単純な掛け算になることがわかる．実は，このような物理学の内容は電磁気学における**ガウスの法則**の"積分形"と呼ばれるものである．また，このような現象は電磁気学以外の物理分野にもしばしば現われるものである．

ここで，スカラー積の計算の基本を図 5.7(a) に示した 3 次元直交座標の単位ベクトル $\boldsymbol{i}, \boldsymbol{j}, \boldsymbol{k}$ で記しておくことにする．

$$\left.\begin{array}{l}\boldsymbol{i}\cdot\boldsymbol{j}=\boldsymbol{j}\cdot\boldsymbol{k}=\boldsymbol{k}\cdot\boldsymbol{i}=0\\ \boldsymbol{i}\cdot\boldsymbol{i}=\boldsymbol{j}\cdot\boldsymbol{j}=\boldsymbol{k}\cdot\boldsymbol{k}=1\end{array}\right\} \tag{5.16}$$

式 (5.16) のようになる理由については，読者自身で確認しておいていただきたい．

5.2 ベクトルの演算

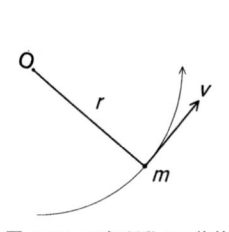

図 5.19 回転運動する物体

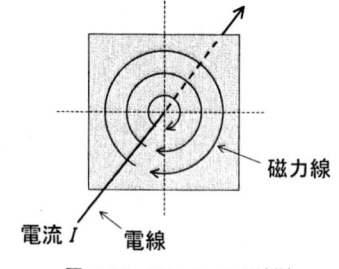

図 5.20 アンペールの法則

■ベクトル積（外積）

　ベクトルの"積"には，スカラー積（内積）とは異なる"第2の積"があるのだが，それは物理学上の具体例から説明を始めた方が理解しやすいかも知れない．

　図5.19に示すように，回転運動している質量 m の物体を考える．日常的感覚から，回転速度 v が大きな場合ほど，物体は大きなエネルギーを持っているように思われる．力学には，運動量，エネルギー，そして角運動量の3つの「保存則」がある．そのうち，角運動量 L は，円運動の場合，図5.19に示したように回転運動の中心 O からの直線距離 r （半径）と質量 m の物体の運動曲線の接線方向の速度 v を用いて

$$L = mvr \tag{5.17}$$

と表現される．

　また，「太陽の周りを公転する惑星の公転半径 r が一定時間に掃く面積は一定である」という**ケプラーの第2法則**（面積速度一定の法則）はよく知られているが，このことを数式で表わせば（図5.19参照，O を太陽，質量 m の物体を惑星と考える），

$$rv = \frac{rmv}{m} = \frac{L}{m} = 一定 \tag{5.18}$$

となる．

　角度運動量 L は円運動の半径, 物体の質量, 回転運動の接線速度に比例する物理量である．類似の物理量は角運動量以外にもある．例えば，図5.20に示すよ

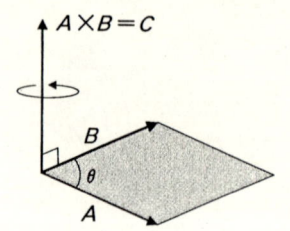

図 5.21 ベクトル積

うに,電線に電流Iが流れている場合,電線の周囲の空間に磁力線が発生することは**アンペールの法則**として知られている.この時,発生した磁力線の様子を細かい鉄粉の分散で調べてみると,図のように,電流が流れる方向に垂直な面内に,電線からの距離に反比例する強さで存在していることがわかる.磁力線の数(磁場の強さ)は電流量に比例し,発生方向は電線から測定位置までの最短直線の方向と電流の方向の両方に垂直である.このような磁力線の発生の様子も,先に説明した角運動量の直線距離と運動速度の方向の関係と同じである.

以上のような関係を表現するための数学的手段が,これから述べる**ベクトル積(外積)**である.

任意のベクトルA, Bに対し,ベクトル積は$A \times B$と表わされる.この具体的な意味を図示するのが図5.21で,その内容は,ベクトル積に関与する2つのベクトルA, Bが作る平行四辺形($\theta = \pi/2$の場合は直方形,さらに$|A|=|B|$の場合は正方形)の面積の大きさに対応する長さ(大きさ)を有し,面に垂直な方向に伸びたベクトルCを求めることに相当する.つまり,

$$A \times B = C \tag{5.19}$$

である.なお,規則として,ベクトルCの方向は,ベクトル積の記号$A \times B$の前方にあるベクトル(A)から後方にあるベクトル(B)に右ネジを回転させて,ネジが進む方向をプラス(+)方向と決めている.

ベクトル積についても計算の基本を図5.7(a)に示した3次元直交座標の単位ベクトルi, j, kで記しておこう.

$$\left.\begin{array}{l} i \times j = k, \ j \times k = i, \ k \times i = j \\ i \times i = j \times j = k \times k = 0 \end{array}\right\} \tag{5.20}$$

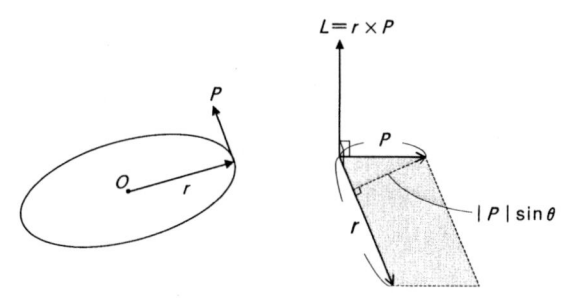

図 5.22 ケプラーの第2法則

さて，先述の角運動量，ケプラーの第2法則を図5.22を参照し，ベクトル積を用いてもう一度考えてみよう．

式 (5.17) で表わされる角運動量 L は，r と運動量 $P(=mv)$ が直交する場合に最大になり，平行の場合にはゼロになる．なお，上記の説明で太字で書かれる r, P, v はすべてベクトル量であることに留意していただきたい．ここで式 (5.17) をベクトル積で表現すると

$$L = r \times mv = r \times P \tag{5.21}$$

となり，図5.22に示すように，r と P が成す角度を θ とすれば

$$L = rP \sin\theta \tag{5.22}$$

となる（図5.21参照）（上式の文字はすべてスカラー量を意味する）．

ベクトル積については，一般的に次の関係式が成り立つ．

$$\left.\begin{array}{l} \boldsymbol{A} \times \boldsymbol{B} = -\boldsymbol{B} \times \boldsymbol{A} \\ \boldsymbol{A} \cdot (\boldsymbol{B} \times \boldsymbol{C}) = \boldsymbol{B} \cdot (\boldsymbol{C} \times \boldsymbol{A}) = \boldsymbol{C} \cdot (\boldsymbol{A} \times \boldsymbol{B}) \\ \boldsymbol{A} \times (\boldsymbol{B} \times \boldsymbol{C}) = (\boldsymbol{A} \cdot \boldsymbol{C})\boldsymbol{B} - (\boldsymbol{A} \cdot \boldsymbol{B})\boldsymbol{C} \end{array}\right\} \tag{5.23}$$

5.2.3 ベクトルの微分

前章で述べた関数の微分の考え方はベクトルにも適用できる．また，事実，力学や電磁気学にしばしば登場する関係式にベクトルの微分がある．特に，ベクトルのスカラー積，ベクトル積の時間微分を考えることが多い．

例えば，2次元や3次元の位置ベクトル r を考え，このベクトルに前章で述べた導関数の考え方を適用してみると

$$\frac{d\boldsymbol{r}}{dt} = \lim_{\varDelta t \to 0} \{\boldsymbol{r}(t+\varDelta t) - \boldsymbol{r}(t)\}/\varDelta t \tag{5.24}$$

となるが,これは,極限をとることも含めて,通常の微分とまったく同じ内容である.実際にベクトルの微分を計算する場合には,多少の技術に習熟する必要があるにしても,計算の意味自体は明瞭である.

もし,ベクトル $\boldsymbol{r}$ が x-y 平面上のベクトルであれば,式(5.24)は x 方向と y 方向の,それぞれの方向における微分を意味する.この平面における単位ベクトルを図5.7(a)に示すように $\boldsymbol{i}, \boldsymbol{j}$ とすれば,位置ベクトル $\boldsymbol{r}$ の時間微分の内容は

$$\boldsymbol{v}(t) = \frac{d\boldsymbol{r}}{dt} = \frac{dx(t)}{dt}\boldsymbol{i} + \frac{dy(t)}{dt}\boldsymbol{j} \tag{5.25}$$

と分解できる.ここで,$\boldsymbol{v}(t)$ はもちろん通常の意味の速度ベクトルである.

以下に,ベクトルのスカラー積,ベクトル積の時間微分に関する一般式を示しておく.ここで,a はスカラー,ベクトル $\boldsymbol{A}, \boldsymbol{B}$ は時間の関数とする.

$$\frac{d}{dt}(a\boldsymbol{A}) = \frac{da}{dt}\boldsymbol{A} + a\frac{d\boldsymbol{A}}{dt} \tag{5.26}$$

$$\frac{d}{dt}(\boldsymbol{A}\cdot\boldsymbol{B}) = \frac{d\boldsymbol{A}}{dt}\cdot\boldsymbol{B} + \boldsymbol{A}\cdot\frac{d\boldsymbol{B}}{dt} \tag{5.27}$$

$$\frac{d}{dt}(\boldsymbol{A}\times\boldsymbol{B}) = \frac{d\boldsymbol{A}}{dt}\times\boldsymbol{B} + \boldsymbol{A}\times\frac{d\boldsymbol{B}}{dt} \tag{5.28}$$

以上の"基礎知識"を用いて,式(5.21)で表わされる角運動量 $\boldsymbol{L}$ の時間微分を行なってみよう.

$$\begin{aligned}\frac{d\boldsymbol{L}}{dt} &= \frac{d}{dt}\left(\boldsymbol{r}\times m\frac{d\boldsymbol{r}}{dt}\right) \\ &= m\left(\frac{d\boldsymbol{r}}{dt}\times\frac{d\boldsymbol{r}}{dt} + \boldsymbol{r}\times\frac{d^2\boldsymbol{r}}{dt^2}\right) \\ &= m\left(\boldsymbol{r}\times\frac{d^2\boldsymbol{r}}{dt^2}\right) \quad \left(\because \frac{d\boldsymbol{r}}{dt}\times\frac{d\boldsymbol{r}}{dt}=0\right)\end{aligned} \tag{5.29}$$

となる.ここで,運動方程式 $m(d^2\boldsymbol{r}/dt^2)=\boldsymbol{F}$ を用いれば,上式は

$$\frac{d\boldsymbol{L}}{dt} = \boldsymbol{r}\times\boldsymbol{F} = \boldsymbol{N} \tag{5.30}$$

となる．ここで，Nは**力のモーメント**である．すなわち，角運動量の時間的変化は力のモーメントに等しいことがわかる．いい方を換えれば，力のモーメントとは，角運動量の時間的変化のことである．

力学の問題を解く場合は，上述のベクトルの時間微分が大活躍するわけであるが，もう一つ重要なベクトルの微分は位置についてのものである．すなわち，3次元空間を図5.7(a)に示す単位ベクトルi, j, kで表現する時，それぞれの単位ベクトル方向の位置に対する偏微分が

$$\frac{\partial}{\partial x}i, \ \frac{\partial}{\partial y}j, \ \frac{\partial}{\partial z}k \tag{5.31}$$

で表わされるのである．以下の話では，これらの偏微分が主役になる．

5.2.4 演算子
■勾配

ベクトルの微分が用いられる場合，基本になるのは平面あるいは空間の各方向に対する微分である．したがって，式 (5.31) にある各成分が，その基本的な**演算子**（関数を他の関数に対応させる演算記号，例えば，微分記号は関数をその導関数に対応させる演算子）である．

例えば，ある位置について，スカラー量を規定するスカラー関数を$\varphi(x, y, z)$とする．x, y, zに関する偏微分係数

$$\frac{\partial \varphi}{\partial x}, \ \frac{\partial \varphi}{\partial y}, \ \frac{\partial \varphi}{\partial z} \tag{5.32}$$

をx, y, z成分とするベクトルを$\varphi(x, y, z)$の**勾配** (gradient) といい，

$$\mathrm{grad}\varphi \ \text{または} \ \nabla\varphi$$

と書く（図5.1参照）．"∇"は"ナブラ"と読む．すなわち

$$\mathrm{grad}\varphi = \nabla\varphi = \frac{\partial \varphi}{\partial x}i + \frac{\partial \varphi}{\partial y}j + \frac{\partial \varphi}{\partial z}k \tag{5.33}$$

である．また，式 (5.33) を

$$\nabla\varphi = \left(\frac{\partial}{\partial x}i + \frac{\partial}{\partial y}j + \frac{\partial}{\partial z}k\right)\varphi \tag{5.34}$$

と書き

$$\nabla = \frac{\partial}{\partial x}i + \frac{\partial}{\partial y}j + \frac{\partial}{\partial z}k \tag{5.35}$$

とおいて，これをベクトル演算子（**ハミルトンの演算子**と呼ばれる）と考えれば，式 (5.34) の $\nabla\varphi$ はベクトル演算子 ∇ とスカラー量 φ の積を意味する．

余談ながら "∇" は上記のように "ナブラ" と読むが，これは "nabla" で古代ヘブライの 10～12 弦の竪琴の意味である．"∇" の形から "竪琴" そして "nabla" が想像できるだろう．

ところで，式 (5.33) を見ると "grad" と "∇" は "同じもの" のように思えるし，もし "同じもの" であるならば，わざわざ 2 つの記号を作らなくてもよいだろう，と思うのが人情である．実は，"grad" と "∇" はまったく同じものではないのであるが，余計な混乱を避けるために，ここではとりあえず，"∇" は "grad" をさらに記号化したものと考えておいてよいだろう．"∇" の定義である式 (5.35) をしっかりと理解しておけばよい．

さて，∇ の物理現象への適用について簡単に触れておこう．

式 (1.16) に示したクーロンの法則は，電荷 Q によって生じる電場 E が電荷の中心からの直線距離 d に対して $1/d^2$ に比例して減少する，というものである．電場 E はベクトル量であるが，その電場から求められる電位（静電ポテンシャル）ϕ との関係は

$$E = -\nabla\phi \tag{5.36}$$

で与えられている．式 (5.35) に示される ∇ の定義をよく考えて，式 (5.36) が意味する内容を理解していただきたい．

■**発散**

grad (∇) という演算は，図 5.23 のような等高線で表わされる図でいえば標高に当たるものの "勾配" を求める操作である．次に，電場 E のように，ベクトル関数 $A(x, y, z)$ として表現される物理量の場所（位置）に対する勾配を求めることを考えよう．そのために行なう演算が，以下に述べる**発散** (divergence) というものである．

この "発散" は，物理的にいえば，ある空間内の物理量の "**出入り**" について考えるものである．

図 5.24 に示すように，空間内のある点 $P(x, y, z)$ から座標軸の方向に微

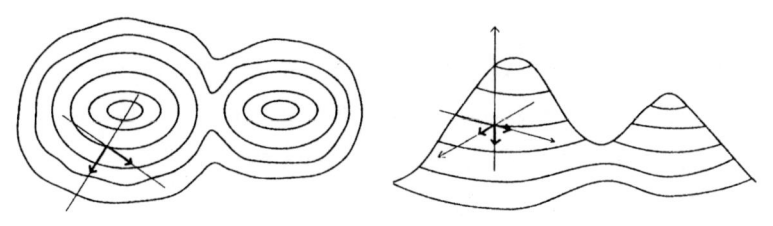

図 5.23 ポテンシャル図，または「山」の等高線図

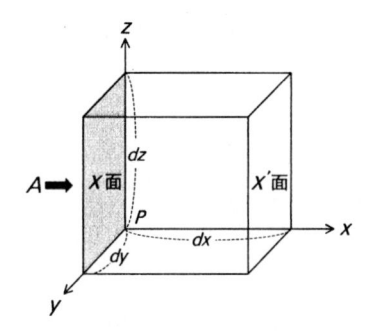

図 5.24 "箱"に流入する物理量 A

小な線分 dx, dy, dz をとり，それらを3辺とする"箱"を設定し，この箱に出入りする物理量 A について考えてみよう．図中アミカケを施した x 軸に垂直な面 (x 面) から箱の中に流入する物理量は，P における A の x 成分 A_x と x 面の面積 $dydz$ の積 $A_x dydz$ で表わされる．x 面に相対する x' 面では，A の x 成分は $A_x+(\partial A_x/\partial x)dx$ になるので，x' 面から流出する物理量は $\{A_x+(\partial A_x/\partial x)dx\}dydz$ になる．したがって，箱から流出する物理量の x 成分の総量は

$$\left(A_x+\frac{\partial A_x}{\partial x}dx\right)dydz - A_xdydz$$
$$=\frac{\partial A_x}{\partial x}dxdydz \tag{5.37}$$

となる．この考え方を y 軸，z 軸方向についても同様に適用すると，3次元空間内の箱から流出する物理量の総量は

$$\frac{\partial A_x}{\partial x}dxdydz + \frac{\partial A_y}{\partial y}dxdydz + \frac{\partial A_z}{\partial z}dxdydz$$
$$=\left(\frac{\partial A_x}{\partial x}+\frac{\partial A_y}{\partial y}+\frac{\partial A_z}{\partial z}\right)dxdydz \tag{5.38}$$

となる．

　ところで，ここで考えている箱の体積は $dxdydz$ であり，これを dV と表わせば，式 (5.38) は単位体積から流出する物理量を意味することになる．

　また，式 (5.38) の値が負の時は，流入する物理量を意味することはいうまでもないだろう．

　式 (5.38) の（ ）の中の $\partial A_x/\partial x$, $\partial A_y/\partial y$, $\partial A_z/\partial z$ はそれぞれベクトル A の x 方向, y 方向, z 方向の勾配を表わすものであり，それらの和，すなわち式 (5.38) の（ ）内を"**ベクトル A の発散**"と呼び

$$\mathrm{div}\,A = \frac{\partial A_x}{\partial x} + \frac{\partial A_y}{\partial y} + \frac{\partial A_z}{\partial z} \tag{5.39}$$

と定義する．"div"は"divergence(発散)"の略で，これを"ダイバージェンス"と読む（"ダイバージェント"と読ませる教科書もある）．式 (5.39) からもわかるように，$\mathrm{div}\,A$ はスカラーである．

　例えば，水の流れを考える場合，その速度を v とすると，$\mathrm{div}\,v$ は単位時間に，単位体積から外に流れ出る水の量，すなわち，単位体積の**湧出量**を表わすことになる．$\mathrm{div}\,v$ が負になる場合は，単位時間，単位体積に流入する水の体積である．当然のことながら，流れの発生(湧出)や消滅がない所では div はゼロになる．

　図 5.25 は"div"あるいは"湧出"の概念を模式的に描くものである．

　ここで，前述の ∇（ベクトル）とベクトル A のスカラー積を考えてみよう．

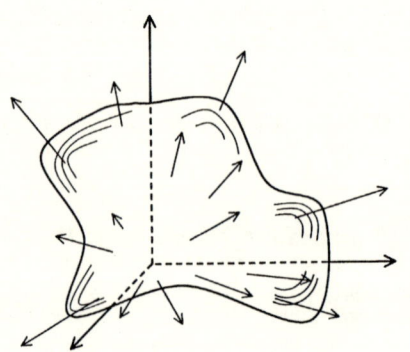

図 5.25　"div"あるいは"湧出"

$$\nabla \cdot \boldsymbol{A} = \left(\frac{\partial}{\partial x} \boldsymbol{i} + \frac{\partial}{\partial y} \boldsymbol{j} + \frac{\partial}{\partial z} \boldsymbol{k} \right) \cdot \left(A_x \boldsymbol{i} + A_y \boldsymbol{j} + A_z \boldsymbol{k} \right) \tag{5.40}$$

となり，ここで $\partial/\partial x$ と A_x の積を $\partial A_x/\partial x$ のように書けば

$$\nabla \cdot \boldsymbol{A} = \frac{\partial A_x}{\partial x} + \frac{\partial A_y}{\partial y} + \frac{\partial A_z}{\partial z} \tag{5.41}$$

となり，式 (5.39) から

$$\nabla \cdot \boldsymbol{A} = \mathrm{div}\, \boldsymbol{A} \tag{5.42}$$

が得られる．

$\boldsymbol{A} = \nabla \varphi$ の時は，$A_x = \partial \varphi/\partial x$, $A_y = \partial \varphi/\partial y$, $A_z = \partial \varphi/\partial z$ だから

$$\begin{aligned} \mathrm{div}\, \boldsymbol{A} &= \nabla \cdot (\nabla \varphi) \\ &= \frac{\partial^2 \varphi}{\partial x^2} + \frac{\partial^2 \varphi}{\partial y^2} + \frac{\partial^2 \varphi}{\partial z^2} \end{aligned} \tag{5.43}$$

となる．

ところで，∇^2 をベクトル演算子 ∇ と ∇ のスカラー積と考えれば

$$\begin{aligned} \nabla^2 &= \left(\frac{\partial}{\partial x} \boldsymbol{i} + \frac{\partial}{\partial y} \boldsymbol{j} + \frac{\partial}{\partial z} \boldsymbol{k} \right)^2 \\ &= \frac{\partial^2}{\partial x^2} + \frac{\partial^2}{\partial y^2} + \frac{\partial^2}{\partial z^2} \end{aligned} \tag{5.44}$$

となり，

$$\begin{aligned} \nabla \cdot (\nabla \varphi) &= \nabla^2 \varphi \\ &= \frac{\partial^2 \varphi}{\partial x^2} + \frac{\partial^2 \varphi}{\partial y^2} + \frac{\partial^2 \varphi}{\partial z^2} \end{aligned} \tag{5.45}$$

が得られ，$\nabla \cdot (\nabla \varphi)$ はスカラー演算子 ∇^2 を φ に作用させたものと考えることができる．この ∇^2 ("ナブラ2乗"と読む) を**ラプラスの演算子**あるいは**ラプラシアン**と呼ぶ．∇^2 のかわりに Δ（デルタ）を用いることもある．

微分方程式

$$\nabla^2 \varphi = 0 \tag{5.46}$$

は**ラプラスの方程式**と呼ばれ，理論物理学などにしばしば登場する．

さて、いままでにしばしば登場した電場 $E(x, y, z)$ のような物理量は、そもそもベクトルで表示されるものなので、以上に述べたことから

$$\mathrm{div}\,E = \nabla \cdot E$$
$$= \frac{\partial E_x}{\partial x} + \frac{\partial E_y}{\partial y} + \frac{\partial E_z}{\partial z} \tag{5.47}$$

が得られることを、読者自身で確認していただきたい。

　この結果で、よく認識しておかなければならないのは、ベクトルとベクトル演算子 ∇ のスカラー積はスカラー量（数値）になることである。勾配（grad）の場合はスカラー量の勾配を計算してベクトル量（∇）が得られたのに対し、発散（div）では、ベクトル量の発散がスカラー量になったのである。つまり、例えば、標高のような数値から勾配を求めようとするならば、各方向の成分で表現しなければならないが、流量のようなベクトル量の発散（湧出）を求めると、単なる数値（スカラー）が現われるのである。

■回転

　重要なベクトル演算子には、もう一つ"回転（rotation）"と呼ばれるものがある。

　ほとんどの数学の教科書、ベクトル解析の教科書ではいきなり"回転"が定義されるのであるが、何のことかさっぱりわからないのが普通である（正直に告白すれば、筆者も、学生の頃、さっぱりわからなかった）。いままでに述べた"勾配（grad）"や"発散（div）"は何となく見当がつくし、物理現象としてもイメージしやすいのであるが、"回転（rotation）"はすぐにはイメージできないのである。

　まずはじめに理解しておかねばならないのは、そもそもベクトルというものは変位、力、速度などを表わす"矢印（大きさと向き）"のほかに、ぐるぐる回る現象をも表わすものであるということである。例えば、ぐるぐる回るネジ回しの軸が"矢印"であると考えるのである。つまり、まずはじめに「回転もベクトルである」ということを頭に入れていただきたい。

　ベクトル演算子"回転"は rot（ローテーション）あるいは curl（カール）という記号で表わされ、rot$A$ あるいは curl$A$ のよう表記される。"curl"は英国式の呼び名であるが、本書では一般的な"rot"を用いることにする。

5.2 ベクトルの演算

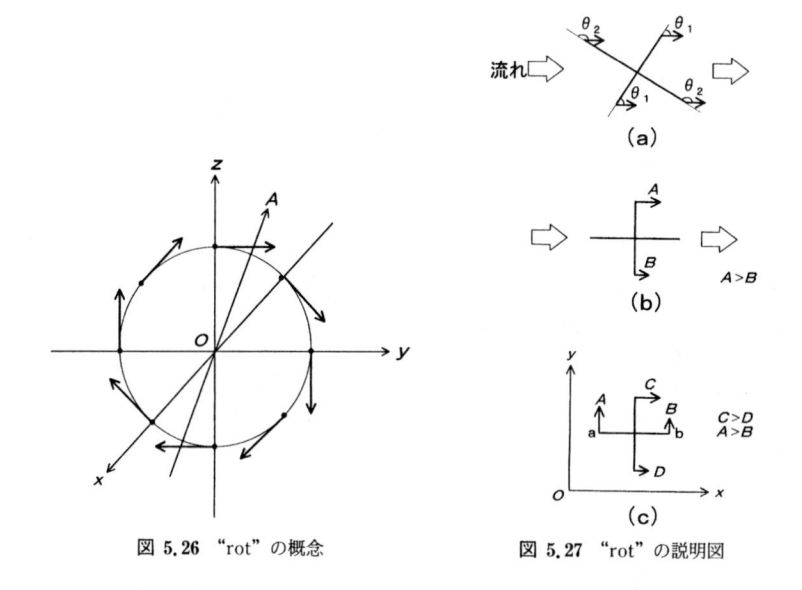

図5.26 "rot"の概念

図5.27 "rot"の説明図

ベクトルの回転という演算は文字通り，ベクトルの回転成分を求めるという内容である．例えば，ベクトルA (x, y, z) に，この演算を行ない$\text{rot} A$を求めるということは，ベクトルAのある軸，つまり$\text{rot} A$を考えている軸(図5.26の概念図でいえばx軸)のまわりの回転成分を求めることを意味する．前述のように，これはgradやdivと比べると感覚的にとらえにくい．

以下，具体的な例で"$\text{rot} A$"を説明したい．

図5.27に示すように，4枚プロペラをある流れの中に置いてみる．考えているのは2次元平面上の出来事であるので，流れもx-y平面で表示するとする．もし，図5.27(a)のように4枚のプロペラの1枚1枚がまったく同じ流れを受け止めているとすると，プロペラは回転しない．回転が起る時は，図5.27(b)の場合のように，ある羽が受けた力をその反対側の羽が打ち消すことができなくなった時である．

いま，座標軸を回転させて図5.27(c)のようにx方向とy方向に2枚ずつ羽がある場合を考える．反対側の羽も同じ方向の力を受けるが，その力がy方向に働くaとbの羽で，x方向の位置によってy方向に働く力が違う場合に，この2枚の羽には回転しようとする力が残ることになる．このことを数式で表し

てみよう．

　流れを表わすベクトルを $A=(A_x, A_y)$ とする．流れの y 方向の成分 A_y の x 方向の位置による変化は $\partial A_y/\partial x$ であり，流れの x 方向の成分 A_x の y 方向の位置変化による変化は $\partial A_x/\partial y$ である．この 2 つの要素が合成されてプロペラの回転が起るには，$\partial A_y/\partial x + \partial A_x/\partial y \neq 0$ となる必要がある．

　ただし図 5.27(c) から理解できるように，この時注意すべきことは，流れを測定する場所を，例えば $x(+)$ 方向に移動すると $y(+)$ 方向への流れが小さくなる時，x の増加はプロペラを押す力の減少をもたらすから，a と b の羽は同じ $y(+)$ 方向に押されながらも，羽 a の右回転力を羽 b の左回転力が消しきれなくなるので，全体としてプロペラの右回転力が現れるのである．

　このとき，y 軸方向の 2 枚の羽にも右回転の成分が現れるようにするには，y の増加は $x(+)$ 方向の押す力の増加をもたらしてくれなくてはならない．つまり，流れを測定する場所の x 座標のプラス方向移動が y 方向へ押す力の減少をもたらし，y 座標のプラス方向への移動が x 方向へ押す力の増加をもたらす時，（右）回転成分は大きくなる．したがって，回転成分の増減を論ずるならば，x 方向と y 方向の偏微分は逆方向に増加すべきである．

　以上の内容を数式で表示すると，回転の成分は

$$\frac{\partial A_x}{\partial y} - \frac{\partial A_y}{\partial x} \tag{5.48}$$

と表示される．これがプラスの時，プロペラは x-y 平面に垂直な方向を軸として右まわりに回転する．回転運動については，右ネジが「ねじる」ことで進んでいく方向を（＋）と定義する場合が多い．つまり，以上の説明では図面の表から裏へネジが進むことになる．

　この議論を 3 次元に拡張すると，

$$\left(\frac{\partial A_z}{\partial y} - \frac{\partial A_y}{\partial z}, \frac{\partial A_x}{\partial z} - \frac{\partial A_z}{\partial x}, \frac{\partial A_y}{\partial x} - \frac{\partial A_x}{\partial y}\right) \tag{5.49}$$

という回転成分を持つことになる．ただし，この式 (5.49) では，式 (5.48) とプロペラの進行方向を逆転させたので，頭の体操のつもりで考えてみていただきたい．教科書によって，回転方向は反対になるので，そのことを理解する意味でも重要である．そして，ここで "rot" が登場し，

$$(\mathrm{rot}\,\bm{A})_x = \frac{\partial A_z}{\partial y} - \frac{\partial A_y}{\partial z}$$
$$(\mathrm{rot}\,\bm{A})_y = \frac{\partial A_x}{\partial z} - \frac{\partial A_z}{\partial x} \qquad (5.50)$$
$$(\mathrm{rot}\,\bm{A})_z = \frac{\partial A_y}{\partial x} - \frac{\partial A_x}{\partial y}$$

と定義され,

$$\mathrm{rot}\,\bm{A} = \left(\frac{\partial A_z}{\partial y} - \frac{\partial A_y}{\partial z}\right)\bm{i} + \left(\frac{\partial A_x}{\partial z} - \frac{\partial A_z}{\partial x}\right)\bm{j}$$
$$+ \left(\frac{\partial A_y}{\partial x} - \frac{\partial A_x}{\partial y}\right)\bm{k} \qquad (5.51)$$

が得られる.なお,div の場合と同様に,$\mathrm{rot}\,\bm{A} = \nabla \times \bm{A}$ と表現できる.

5.2.5 ベクトル演算と電磁気学

　読者が大学の学部で学ぶ物理学で,ここまで説明してきたベクトルの演算が最も頻繁に現われるのは電磁気学であろう.本章の締めくくりとして,それらについて簡単に触れておくことにする.詳細については,本シリーズ『したしむ電磁気』などの教科書を参照していただきたい.

■マックスウェルの方程式

　歴史的にいえば,電磁気学の確立に最も貢献したのはファラデイとマックスウェルである.人類は,ファラデイの「電磁誘導」の実験ではじめて電気と磁気との相関を明瞭に理解したのである.さらに,電磁気学のすべてが**マックスウェルの方程式**と呼ばれる4つの数式で表現された.

　ここでは,電磁気学の内容を説明することが主旨ではないので,以下,数式の"形"を示すことにする.すなわち,

$$\begin{array}{ll} \text{①} & \nabla \cdot \bm{E} = \dfrac{\rho}{\varepsilon_0} \\ \text{②} & \nabla \cdot \bm{B} = 0 \\ \text{③} & \nabla \times \bm{E} + \dfrac{\partial \bm{B}}{\partial t} = 0 \\ \text{④} & \nabla \times \bm{B} - \dfrac{1}{c^2}\dfrac{\partial \bm{E}}{\partial t} = \mu_0 \bm{I} \end{array} \qquad (5.52)$$

がマックスウェルの方程式と呼ばれるものである。ここで、E は磁場、B は磁束密度、ρ は電荷密度、t は時間、c は光速、ε_0 は真空の誘電率、μ_0 は真空の透磁率、そして I は電流量である。

これらの方程式の意味を、それぞれ言葉で説明すれば、
① 電場の「湧出」＝体積内の電荷密度
② 磁束密度の「湧出」＝0
③ 電場の「渦」＋磁束密度の時間変化＝0
④ 磁場の「渦」−電場の時間変化＝その「渦」の内部を貫く電流量

となる。さらに、①は正（＋）や負（−）の電気（電荷）が作る電気力線はウニ、あるいは栗のイガのような放射状である、②は磁場は閉じた（始点も終点もない）ループ（輪）状である、③は磁場の時間的変化は電場を作り出す、そして④は電流と、電場の時間変化は磁場を作り出す、ということを表わしているのである。

さらに付け加えれば、①は**ガウスの法則**、③は**ファラデイの法則**、そして④は**アンペールの法則**の数式による表現になっている。

式 (5.52) に示す数式に、div や rot のいくぶん複雑な計算を行なうことで、電磁場のエネルギーを計算することができる。また、事実、マックスウェルは、これらの式から電磁波の存在を予測し、光が電磁波の一種であることを洞察したのである。そのような物理の内容は、まさしく天才によるドラマティックな自然探求の物語である。読者自身も、ベクトルやベクトル解析計算の腕前を上げて、その物語の内容を味わっていただきたい。

以下にガウスの定理とストークスの定理について述べる。ベクトル解析という分野の基本的項目ではあるが、どちらも数学的にも少しめんどうな定理である。したがって、ここで取り上げている電磁気学を応用例として概念的に説明する。

■**ガウスの定理**

囲われた体積の内部に「何か」（例えば「電荷」）が存在し、それが存在することが原因で、外部に向って、ベクトル量として表示される「あるもの」（例えば「電場」または「電気力線」）が放出されているとする。その「何か」を包み込む表面全体について放出される「あるもの」の総和を求めると、その総和量

は体積内にある「何か」の量に比例するはずである．

そのことを積分を用いて表記すると以下のようになる．

$$(定数) \times \left(\int_v (\text{「何か」の密度}) dV (=\text{体積中の「何か」の総量}) \right)$$
$$= \int_s (\text{あるもの}) \cdot \boldsymbol{n} dS$$

ここで「$\cdot \boldsymbol{n}$」は，表面の単位面積に相当する面積ベクトルと，この演算子（「$\cdot$」）の前の「あるもの」のスカラー積を意味する．つまり，すでに説明した単位面積当たりの「あるもの」の量を求める計算内容である．

もう一つの見方として，この体積表面から放出される「あるもの」，例えば「電気力線」または「電場」の総量は，体積全体からの「あるもの」の「湧き出し」の総量と同じである．つまり，

$$\int_v \nabla \cdot (\text{あるもの}) dV = \int_s (\text{あるもの}) \cdot \boldsymbol{n} dS$$

結局，上の2つの関係の右辺は同じものであるから，まとめると，ある体積について以下の関係が求まる．

$$\nabla \cdot (\text{あるもの}) = (定数) \times (\text{「何か」の密度})$$

以上の内容を，**ガウスの定理**という．事実，「あるもの」を電場，その原因となる「何か」を電荷とすると，この内容は電場についての**ガウスの法則**である．

上記の**ガウスの定理**を数式で表現すると

$$\iint_s (\boldsymbol{A} \cdot \boldsymbol{n}) dS = \iiint_v (\nabla \cdot \boldsymbol{A}) dV \tag{5.53}$$

となる（いまここでは，この数式の詳細な意味についてこだわる必要はない）．この式の全体を眺めると，積分記号の中に本節で学んだスカラー積と発散（div＝$\nabla \cdot$）の計算が入っている．また，積分を「何」に対して行なっているかについては，左辺は面積 dS についてであり，右辺は体積 dV についてである．両辺にあるベクトル$\boldsymbol{A}$は，これまでの説明に従えば，物理量の"流れ"である．

さらに細部を見るために，この定理の概念を図5.28に示す．式(5.53)の左辺のベクトル$\boldsymbol{n}$は単位面積に垂直で長さを1（$|\boldsymbol{n}|=1$）とする（つまり，$\boldsymbol{n}$は面積

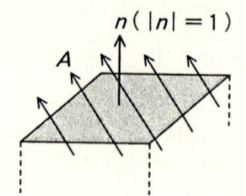

図 5.28 ガウスの定理の概念

の単位ベクトルで**法線ベクトル**と呼ばれることもある)．よく考えてみると，このベクトル n は，1辺の長さが1(単位長さ)である面積素片の"面積"のベクトル積による表現であると理解できる．つまり，式 (5.53) の左辺の $(A \cdot n)$ は，図5.28 に示すように，ある物理量の"流れ" A が単位面積を通過する量を表現していることになる．スカラー積の定義から，面に垂直に流れ出す時に流量は最大になる．すなわち，左辺全体で，ある空間を包み込んでいる面全体から流れ出す物理量を表現しているわけである．

右辺の $(\nabla \cdot A)$ は，流れ A の，考えている体積からの"湧出"であることは，ベクトルの発散の計算の意味から明らかであろう．したがって，ガウスの定理の物理的な意味を改めて言葉で表現すれば

「空間の表面からの流出量」
　　＝「空間の体積からの湧出量」

ということになる．

微小な体積 ΔV について考える場合，式 (5.53) は

$$\iint_{\Delta S}(A \cdot n)dS = (\nabla \cdot A)\Delta V \tag{5.54}$$

と書き改められ，これより

$$\frac{1}{\Delta V}\iint_{\Delta S}(A \cdot n)dS = \nabla \cdot A \tag{5.55}$$

が得られる．

ここで，ベクトル A をベクトル E に置き換え，それを電場と考えれば，上記のガウスの「定理」から「ある空間に発生(発散)する電場は，その空間を取り囲む表面全体にわたっての電場の総和である」というガウスの「法則」が導か

れることになる．

■ストークスの定理

次に，原因となる「何か」（例えば「電流」）があると，その周囲で「渦」をまく「あるもの」（たとえば「磁場」）が発生するような現象を考える．

ある閉じた線分があるとする．その線分に沿って「あるもの」の線積分（後述）を求める時は，その「経路」（閉じた線を思い浮かべればよい）に沿う「あるもの」の成分を線積分するとよい．すなわち，「・ds」は経路の短い長さ（ds）と演算子（「・」）の前「あるもの」のスカラー積を意味すると決めると，以下に示すように，経路上に落ちた「あるもの」の影を経路（s）に沿って積分するものである．

$$\int_c (あるもの) \cdot ds$$

一方，閉じた経路のつくった面を考える（まるい枠の中にシャボン玉用の膜を張ったとき，その「膜面」を考えるとよい）．膜の単位表面積に相当する面積ベクトルを前述のベクトル**n**として，その小さな面積の中で「あるもの」の「渦」の量を「$\nabla \times$（あるもの）」と表現する．その小さな「渦」の面全体での総和は

$$\int_s (\nabla \times (あるもの)) \cdot \boldsymbol{n} dS$$

のようになる．「あるもの」が磁場であれば，「$\nabla \times$（あるもの）」は「磁場の「渦」」，つまりアンペールの法則によれば，「磁場の"渦"」の原因である「電流」（＝「何か」）である．そして，その方向は面に垂直である．

上で説明した2つの表示法の内容は，同じであると考えて，

$$\int_c (あるもの) \cdot ds = \int_s (\nabla \times (あるもの)) \cdot \boldsymbol{n} dS$$

と表示すると，これが**ストークスの定理**の表現となる．つまりこの定理は，閉じた経路に沿っての線積分はその経路が張る面における面積分と同じである，という内容になる．

また，ストークスの定理は，発生している物理量の主成分が"回転"成分である時の関係を表現しているといえる．いい換えると，ガウスの定理が直線的に発生する"湧出"量に関するものであったのに対し，ストークスの定理は"渦"

に関する定理である．それは，例えば，アンペールの法則における電流の周囲に発生する磁場のようなものである．

ds を dr と書き換えてストークスの定理を数式で表現すれば

$$\int_c \boldsymbol{A} \cdot d\boldsymbol{r} = \iint_s (\nabla \times \boldsymbol{A}) \cdot \boldsymbol{n} dS \tag{5.56}$$

のようになる．

ここでもう一度両辺の積分計算の意味を考えてみよう．右辺の面積についての積分は，$\nabla \times \boldsymbol{A}$ が結局はあるベクトル量になることを考えると，ガウスの定理でも現われたので納得できるだろう．しかし，左辺の積分の"c"という添え字が不明である．これは「経路積分」あるいは前述の「線積分」と呼ばれる積分計算を意味し，ある経路（線）上の $\boldsymbol{A}$ の値（経路を適当に選べば x, y, z 各軸上の一定値で表現できる）と経路長とを掛け合わせればよい．つまり，x 軸上でベクトル $\boldsymbol{A}$ の成分が A_x であれば，経路長 Δx の場合の $A_x \Delta x$ がそれに相当する．

このような計算を y 軸，z 軸それぞれの方向で行ない，それらの総和（経路1周分）を求めればよいのである．したがって，式 (5.56) の左辺全体の意味は，ベクトル $\boldsymbol{A}$ で表現されている物理量を考えている領域(面)の周囲で1周分積分することである．一方，右辺の積分の中は，ベクトル $\boldsymbol{A}$ の"回転"成分を求めて，面に垂直な成分を全表面で総和したものである．以上の概念を図 5.29 に示す．

ストークスの定理も電磁気学において，非常に重要な役割を演じている．ガウスの定理の場合と同様に，式 (5.56) の右辺を微小面積に限って考えてみると，式 (5.56) は

$$\int_c \boldsymbol{A} \cdot d\boldsymbol{r} = (\nabla \times \boldsymbol{A}) \cdot \boldsymbol{n} \Delta S \tag{5.57}$$

となり

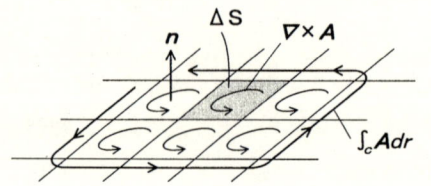

図 5.29 ストークスの定理の概念

$$\frac{1}{\Delta S}\int_c \boldsymbol{A}\cdot d\boldsymbol{r} = (\nabla\times \boldsymbol{A})\cdot \boldsymbol{n} \tag{5.58}$$

が得られる．

ここで，ベクトル$\boldsymbol{A}$をベクトル$\boldsymbol{B}$（磁束密度）に置き換えると，右辺には"$\nabla\times \boldsymbol{B}$"という項が現われるが，これは，式（5.52）に示すマックスウェルの方程式④のアンペールの法則の別表現である以下の式

$$\nabla\times \boldsymbol{B} = \frac{1}{c^2}\frac{\partial \boldsymbol{E}}{\partial t}(+\mu_0 \boldsymbol{I}) \tag{5.59}$$

の左辺となり，結局，右辺の第1項の$\dfrac{\partial \boldsymbol{E}}{\partial t}$は"変位電流"と呼ばれる一種の電流であるので，これは電流$\boldsymbol{I}$と同等である．また，単位面積（$|\boldsymbol{n}|=1$, $\Delta S=1$）についての表現に直せば，図5.29の$\int_c \boldsymbol{A}\cdot d\boldsymbol{r}$は$\int_c \boldsymbol{B}\cdot d\boldsymbol{r}$に，$\nabla\times \boldsymbol{A}$は$\nabla\times \boldsymbol{B}$に書き直せるので，これは，電流$\boldsymbol{I}$の周囲を回る磁束密度$\boldsymbol{B}$を表現していることが理解できるだろう．ここで，電流$\boldsymbol{I}$もベクトル量にしたのは，考えている面の法線ベクトル$\boldsymbol{n}$方向の電流量が重要であるからである．

チョット休憩●5

マックスウェル

　ベクトル解析は，固体の回転運動で用いられる"テンソル"や，電子スピンを表現するために用いられる"スピノール"といった，物理学で用いられる数学と，同じ分野に分類される．それは"回転系"についての数学である．しかし，数学的な分類はどのようなものであれ，物理学におけるベクトル解析の応用は，非常に広く，かつ非常に有用な表現手段をもたらすことは，どの分野であれ物理学を学ばれた読者は納得されるであろう．

　ベクトル解析について，誰を人物評論で取りあげるか，正直に申し上げると少し考え込んでしまった．ラプラス（1749−1827）はどうであろうとも思ったが，あまり教育的な人ではないような気がした．ガウス（1777−1855）と思いもしたが，彼の電磁気学との関連を考えているうちに，結局マックスウェル（James Clerk Maxwell, 1831−1879）にすることに決めたのである．ただし，彼は数学者ではないし，実験物理学者の側面もあった人であるので，少し異質の登場人物かも知れない．

彼の本来の家系は、セカンドネームの"クラーク"家に属している。"マックスウェル"という姓は、それほど由緒あるものではないらしい。それはともかく、彼はスコットランド生まれである。14歳から頭角を現わしてはいたが、はじめエディンバラ大学で学び、24歳のときケンブリッジ大学のトリニティカレッジに入学した。本章で取りあげたベクトル解析に関連した数学的手法を用いて電磁気学を集大成した「マックスウェルの方程式」を提出したのは、彼が若い頃から注意深くファラデイ（1791－1867）の実験ノートと研究報告を検討した結果である。

彼は、その長くはない人生の晩年、1874年にケンブリッジ大学のキャヴェンディッシュ研究所の初代教授に任命された。その前年には、古典的名著として今でも有名な"Treatise of Electricity and Magnetism"を執筆した。

筆者には、ファラデイの提案した「場」という名称と内容に、彼が流体力学やベクトル解析の手法を用いて表現を与えたことによる「電場」と「磁場」の出現と、それから発展した「電磁波」の予言、さらに「光速」に関する洞察力は、人間の知力に関する最高級の証明の一つに思われる。

マックスウェルの方程式には、本章で学んだダイバージェンス (div)、ローテーション (rot) が物理的内容のすばらしい表現手段として用いられ、かつ、時間による電場と磁場の偏微分と合わせて、数式としての対称性のよい、ある種の調和が現われている。これらの4つの美しい方程式は、永遠に評価され、賞賛され続けるであろう。

■ **演習問題**

5.1 角度 $60°$ で交わっている2つのベクトル A, B の長さを1とする。スカラー積 $A \cdot B$ およびベクトル積 $A \times B$ を求めよ。

5.2 中心からの距離 r が3次元直交座標で $r=\sqrt{x^2+y^2+z^2}$ で表わされる時、電位 $\phi \propto 1/r$ に演算子 ∇ を働かせた結果を求めよ。

5.3 電場 $E(x, y, z)$ の発散 (div) を求めよ。

5.4 電磁気学における「マックスウェルの方程式」を発散 (div) と回転 (rot) の概念を使って物理的内容に翻訳せよ。

5.5 「ガウスの定理」、「ストークスの定理」と電磁気学における「ガウスの法則」、「アンペールの法則」との関係を説明せよ。

6 線形代数

　物理現象に限らず，現実の事象に数学を用いる場合，最も頻繁に現われるのは1次方程式である．例えば，ある本をbページ目から読み始めて，毎日aページずつ読むとすると，x日後にはyページまで読み終えていることになることを方程式で表わせば$y=ax+b$である．このような方程式は，物理現象として，原点から直線距離がbの位置から同じ方向に時速vで運動する物体のt時間後の原点からの距離はdである，ということを表わす$d=vt+b$と同じである．

　"線形代数"などというと，いささか仰々しく思われるが，その基本は1次式$ax=b$を満たすxを求めることであり，われわれが中学生の頃からしたしんでいる（？）1次方程式を解くことなのである．

　ともあれ，線形代数は学問として完成されており，数学の他の分野はもとより，理学系，工学系のみならず経済学の分野にまで広く応用されている．線形代数の根幹を成すのは，行列・行列式，ベクトルなどであるが，ベクトルの基礎については前章で述べたので，本章では主として行列・行列式と"線形代数"に関連するベクトルについて述べる．

6.1 連立方程式と行列

6.1.1 連立方程式と解

本章の扉で $ax=b$, $y=ax+b$ というような最も基本的な方程式について述べたが，変数 x の数が増えて，2変数 x_1, x_2 で表示しなければならない現象では，変化量 y は，その"依存性"が"1次"で表現される限り，

$$y = a_1 x_1 + a_2 x_2 + b \tag{6.1}$$

のような2変数関数で表示できる．ここで，係数 a_1, a_2 はそれぞれの変数についての変化率を示している（4.3.1節参照）．

このような表現方法は変数の数がいくら増えても同じである．つまり，定数 b を省略すれば

$$y = \sum_j a_j x_j \tag{6.2}$$

のような数式で表現できる．

さて，前掲の $y=ax+b$ を一般化した

$$ax + by = c \tag{6.3}$$

の内容を図6.1のように x-y 平面上で表わすと(第3章参照)，x と y とは直線関係になる（このことが"線形代数"の基本でもある）．中学校の数学で学習したように，このような直線が2本（A，B）存在し，図に示したように，それらが交点を持つ時，数式の"内容"は大きく拡がる．

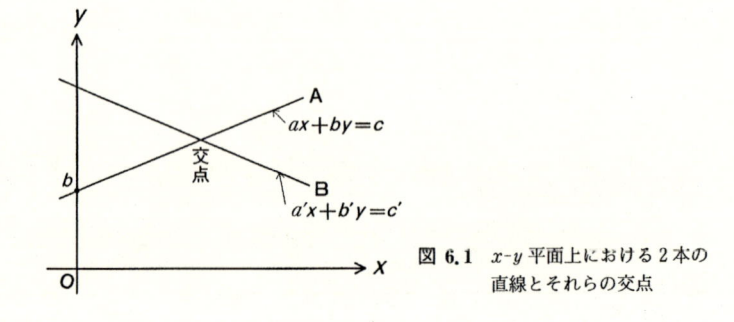

図 6.1　x-y 平面上における2本の直線とそれらの交点

つまり，ある直線関係 A にある x と y とで表示される "もの" あるいは "量" について，別の直線関係 B が同時に成り立つのは，どのような (x, y) の組み合わせであるか，という問いに対する答が，一般的に，次の連立方程式を解くことで求められるのである．

$$\left. \begin{array}{l} \text{A}: ax+by=c \\ \text{B}: a'x+b'y=c' \end{array} \right\} \quad (6.4)$$

この連立方程式の解 (x, y) は，物理現象でいえば，直線 A で表わされる運動をしている物体 A と直線 B で表わされる運動をしている物体 B とが，x-y 平面上で衝突する座標に対応する．

具体的に，式 (6.4) の連立方程式の解を求めてみよう．A の両辺に b' を，B の両辺に b を掛け，両式の差を求めると

$$\left. \begin{array}{l} ab'x+bb'y = b'c \\ -) \ a'bx+bb'y = bc' \end{array} \right\} \quad (6.5)$$
$$\overline{(ab'-a'b)x = b'c-bc'} \quad (6.6)$$

となり

$$x = \frac{b'c-bc'}{ab'-a'b} \quad (6.7)$$

が求まる．同様に，y を求めると

$$y = \frac{ac'-a'c}{ab'-a'b} \quad (6.8)$$

となる．ただし，$ab'-a'b \neq 0$ である．

このような連立方程式の解の求め方が，中学校で学んだ一般的な方法である．

6.1.2 行　列
■行列表示と行列式

式 (6.4) のような一般的な連立方程式の解は，式 (6.7)，(6.8) で与えられているのだから，これを "解の公式" として憶えてしまえばよいのであるが，そのまま憶えるのは少々大変である．また，"解の公式" にとどまらず，今後の

線形代数の展開に重宝する新しい"表示方法"を知っておくと便利である．それは，

$$\begin{pmatrix} a & b \\ c & d \end{pmatrix} \tag{6.9}$$

のような表示方法で，これを**行列表示**と呼ぶ．（ ）の中の部分が**行列**と呼ばれるものであり，**"行"** と **"列"** が

$$\left. \begin{array}{cc} a & b \quad \leftarrow 第1行 \\ c & d \quad \leftarrow 第2行 \\ \uparrow & \uparrow \\ 第1列 & 第2列 \end{array} \right\} \tag{6.10}$$

のように区別されている．

式 (6.9) は

$$(A=) \begin{vmatrix} a & b \\ c & d \end{vmatrix} = ad - bc \tag{6.11}$$

の意味である．このような計算を行なうことを**行列計算**と呼ぶ（記号として $\det A$ とも記す）が，その計算の結果を行列ごとに表示したものは**行列式**と呼ばれる．一般に，行列が（ ）で表わされるのに対し，行列式は｜ ｜で表わされる．なお，式 (6.9)〜(6.11) に示される a, b, c, d（**行列要素**という）は数でも数式でもどちらでもよいのであるが，ここでは数（あるいは数を表わす文字）としておこう．

式 (6.11) の意味は，要するに，右辺の式を左辺のように，"枠"に入れて書くということでもある．枠に入れた行列計算のルールは簡単で，左上から右下への対角線に沿って掛けたもの（つまり，$a \times d$）から，左下から右上への対角線に沿って掛けたもの（つまり，$c \times b$）を引く（符号をマイナスにして足す）のである．

具体例として，例えば

$$\begin{vmatrix} 1 & 2 \\ 3 & 4 \end{vmatrix}$$

を計算してみよう．

$$\begin{vmatrix} 1 & 2^- \\ 3 & 4_+ \end{vmatrix} = 1 \times 4 - (2 \times 3) = 4 - 6 = -2$$

となる．

式 (6.11) は 2 行 2 列の行列 (**2×2 行列**) であるが，一般的に m 行 n 列の行列 A は，**$m \times n$ 行列**といい，それは

$$A = \begin{pmatrix} a_{11} & a_{12} & \cdots & a_{1n} \\ a_{21} & a_{22} & \cdots & a_{2n} \\ \vdots & \vdots & & \vdots \\ a_{m1} & a_{m2} & \cdots & a_{mn} \end{pmatrix} \tag{6.12}$$

と書かれる．2×2 行列のような $n \times n$ 行列は**正方行列**と呼ばれる．

以下，2×2 行列の "和" と "差" について簡単に示しておく．

$$\begin{pmatrix} a_{11} & a_{12} \\ a_{21} & a_{22} \end{pmatrix} + \begin{pmatrix} b_{11} & b_{12} \\ b_{21} & b_{22} \end{pmatrix} = \begin{pmatrix} a_{11}+b_{11} & a_{12}+b_{12} \\ a_{21}+b_{21} & a_{22}+b_{22} \end{pmatrix} \tag{6.13}$$

$$\begin{pmatrix} a_{11} & a_{12} \\ a_{21} & a_{22} \end{pmatrix} - \begin{pmatrix} b_{11} & b_{12} \\ b_{21} & b_{22} \end{pmatrix} = \begin{pmatrix} a_{11}-b_{11} & a_{12}-b_{12} \\ a_{21}-b_{21} & a_{22}-b_{22} \end{pmatrix} \tag{6.14}$$

ここで，行列の積についても簡単に触れておく．

積は，和や差と比べるとやや複雑なのであるが，演算のルールさえ知れば，難しいことはないだろう．

一般に $m \times l$ 行列 $A = (a_{ij})$ と $l \times n$ 行列 $B = (b_{jk})$ の積 AB は

$$c_{ik} = \sum_{j=1}^{l} a_{ij} b_{jk} \tag{6.15}$$

を要素に持つ $m \times n$ 行列 C と定義される． $\sum_{j=1}^{l}$ を略して単に Σ で表わせば

$$AB = C = \begin{pmatrix} \sum a_{1j}b_{j1} & \sum a_{1j}b_{j2} & \cdots & \sum a_{1j}b_{jn} \\ \sum a_{2j}b_{j1} & \sum a_{2j}b_{j2} & \cdots & \sum a_{2j}b_{jn} \\ \vdots & \vdots & & \vdots \\ \sum a_{mj}b_{j1} & \sum a_{mj}b_{j2} & \cdots & \sum a_{mj}b_{jn} \end{pmatrix} \tag{6.16}$$

になる．

　この積の定義は一見複雑ではあるが，言葉で表現すれば「積 AB の (i, k) 要素は，行列 A の第 i 行の要素，$a_{i1}, a_{i2}, \cdots, a_{il}$ と行列 B の第 k 列の要素 $b_{1k}, b_{2k}, \cdots, b_{lk}$ とをそれぞれ番号順に掛け合わせたものの和 $a_{j1}b_{1k} + a_{i2}b_{2k} + \cdots + a_{il}b_{lk}$ である」ということになる．しかし，これでも，何だかはっきりしないと思われるので，簡単な 2×2 行列で具体的に積を求めてみよう．

$$A = \begin{pmatrix} 1 & 2 \\ 2 & 1 \end{pmatrix}, \quad B = \begin{pmatrix} 0 & 1 \\ 2 & 0 \end{pmatrix}$$

の時，

$$AB = \begin{pmatrix} 1 & 2 \\ 2 & 1 \end{pmatrix}\begin{pmatrix} 0 & 1 \\ 2 & 0 \end{pmatrix} = \begin{pmatrix} 1\cdot 0+2\cdot 2 & 1\cdot 1+2\cdot 0 \\ 2\cdot 0+1\cdot 2 & 2\cdot 1+1\cdot 0 \end{pmatrix}$$
$$= \begin{pmatrix} 4 & 1 \\ 2 & 2 \end{pmatrix} \tag{6.17}$$

となる．また

$$BA = \begin{pmatrix} 0 & 1 \\ 2 & 0 \end{pmatrix}\begin{pmatrix} 1 & 2 \\ 2 & 1 \end{pmatrix} = \begin{pmatrix} 0\cdot 1+1\cdot 2 & 0\cdot 2+1\cdot 1 \\ 2\cdot 1+0\cdot 2 & 2\cdot 2+0\cdot 1 \end{pmatrix}$$
$$= \begin{pmatrix} 2 & 1 \\ 2 & 4 \end{pmatrix} \tag{6.18}$$

となり，一般に A と B が $n \times n$ 行列の場合

$$AB \neq BA \tag{6.19}$$

である．これは，前述の加法の時に

$$A + B = B + A \tag{6.20}$$

という**交換法則**が成り立つのと異なる点である．

　なお，行列 $\begin{pmatrix} a & b \\ c & d \end{pmatrix}$ に対し，$\begin{pmatrix} a & c \\ b & d \end{pmatrix}$ を**逆行列**と呼び，

$$A = \begin{pmatrix} a & b \\ c & d \end{pmatrix} \\ A^{-1} = \begin{pmatrix} a & c \\ b & d \end{pmatrix} \Biggr\} \quad (6.21)$$

のように表示する．

■連立方程式の解

さて，前項で述べた連立方程式

$$\left. \begin{array}{l} ax + by = c \\ a'x + b'y = c' \end{array} \right\} \quad (6.4)$$

の解を行列式を使って求めてみよう．

式 (6.4) の形から

$$A = \begin{vmatrix} a & b \\ a' & b' \end{vmatrix}, \quad B = \begin{vmatrix} c & b \\ c' & b' \end{vmatrix}, \quad C = \begin{vmatrix} a & c \\ a' & c' \end{vmatrix} \quad (6.22)$$

を定義すると，式 (6.7)，(6.8) に示した解は

$$\left. \begin{array}{l} x = \dfrac{B}{A} = \dfrac{\begin{vmatrix} c & b \\ c' & b' \end{vmatrix}}{\begin{vmatrix} a & b \\ a' & b' \end{vmatrix}} \\[20pt] y = \dfrac{C}{A} = \dfrac{\begin{vmatrix} a & c \\ a' & c' \end{vmatrix}}{\begin{vmatrix} a & b \\ a' & b' \end{vmatrix}} \end{array} \right\} \quad (6.23)$$

と簡単に表現できる．以上のような解法を，クラメルの公式による解法と呼ぶ．この分母は，解 x，y に共通であり，式 (6.4) の連立方程式の左辺の係数の枠組をそっくり含んだものになっている．一方，分子の方は，式 (6.4) の右辺にある c，c' を x については a，a' の位置に，y については b，b' の位置に置いて枠組をとったものになっている．式 (6.23) を 2 元 1 次の連立方程式 (6.4) の解の公式として憶えてしまうと誠に便利である．その"便利さ"については，章末の演習問題 6.1 で確認することにしよう．

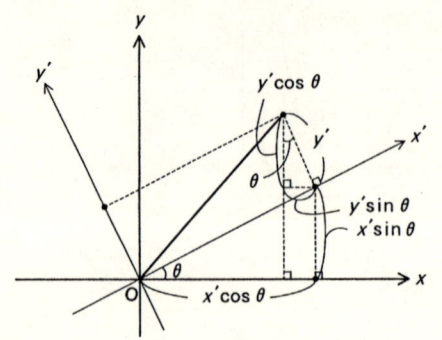

図 6.2 回転系変換座標

■回転運動

以下,いままでに述べたことの応用として,物体の回転運動を行列式を使って考えることにする.

回転系の座標変換については,すでに図 2.12 で述べたが,復習の意味も込めて,再度,図 6.2 を用いて説明する.

幾何学的な考察から,x-y 座標系における位置 (x, y) と x'-y' 座標系における位置 (x', y') は

$$\left.\begin{array}{l} x = x'\cos\theta - y'\sin\theta \\ y = x'\sin\theta + y'\cos\theta \end{array}\right\} \tag{2.10}$$

で関係づけられる.

式 (2.10) は行列を用いると

$$\begin{pmatrix} x \\ y \end{pmatrix} = \begin{pmatrix} \cos\theta & -\sin\theta \\ \sin\theta & \cos\theta \end{pmatrix} \begin{pmatrix} x' \\ y' \end{pmatrix} = A \begin{pmatrix} x' \\ y' \end{pmatrix} \tag{6.24}$$

と表示できる.ここで

$$A = \begin{pmatrix} \cos\theta & -\sin\theta \\ \sin\theta & \cos\theta \end{pmatrix} \tag{6.25}$$

である.

A は 2×2 行列で,これは回転を表現する行列である.式 (6.25) を行列計算

6.1 連立方程式と行列

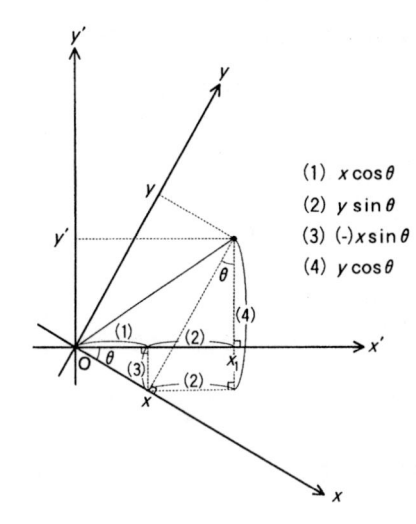

図 6.3 回転系"逆"座標変換

(1) $x\cos\theta$
(2) $y\sin\theta$
(3) $(-)x\sin\theta$
(4) $y\cos\theta$

のルールに従って計算すると

$$\begin{vmatrix} \cos\theta & -\sin\theta \\ \sin\theta & \cos\theta \end{vmatrix} = \cos^2\theta + \sin^2\theta = 1 \tag{6.26}$$

となる．図6.2からもわかるように，回転運動の時，座標原点から物体までの距離が常に一定であることと，式 (6.26) の結果，つまり係数についての行列式の値が1であることの関係は重要である．

ここでまったく逆に，図6.3のように"逆"変換座標を考えると，

$$\left.\begin{array}{l} x' = x\cos\theta + y\sin\theta \\ y' = -x\sin\theta + y\cos\theta \end{array}\right\} \tag{2.9}$$

であり，これを行列を用いて表示すれば

$$\begin{pmatrix} x' \\ y' \end{pmatrix} = \begin{pmatrix} \cos\theta & \sin\theta \\ -\sin\theta & \cos\theta \end{pmatrix} \begin{pmatrix} x \\ y \end{pmatrix} = A^{-1} \begin{pmatrix} x \\ y \end{pmatrix} \tag{6.27}$$

となる．A^{-1} は前述のように A の逆行列で，いまここで考えている回転運動に関していえば，行列 A と行列 A^{-1} は逆方向の回転を意味している．

式 (2.10) で表わされる物理現象に，時間 t の経過に応じて角度が変化する回

転運動がある.例えば,回転角 θ を角速度 ω を使って $\theta=\omega t$ で表わすと,$\omega=d\theta/dt$ となって上記のような運動を表現することになる.

6.2 線形代数の物理的展開

6.2.1 連成振り子
■方程式のベクトル的理解

　以下,ここまでに説明してきた事項を少し遠目に見直すことで,線形代数の応用がさらに拡がっていくことを見てみよう.

　そのような拡がりの中で,**固有値,固有ベクトル**,さらに**行列の対角化**と呼ばれる操作は特に重要である.少し寄り道をして,式 (6.1) や (6.4) の意味を再度考えることから始めよう.

$$y = a_1 x_1 + a_2 x_2 \qquad (6.1')$$

という式で,変数 x_1, x_2 を直交する基準軸にとって,図 6.4 のような 2 次元の平面を考える.これは,式 (6.1') で表わされる y という数値を 2 次元平面上のある座標 $(a_1 x_1, a_2 x_2)$ で表示したことになる.言葉を換えれば,y というものの構成要素を変数 x_1, x_2 の基本構成要素に分解して,それぞれ x_1 要素の a_1 倍,x_2 要素の a_2 倍の和として表現することになる.ただし,式 (6.1') では式 (6.1) に存在する定数 b は,x_1-x_2 平面の"底上げ"数値と考えて無視している(図 2.10 に示す平行移動による座標変換をしたことにもなる).

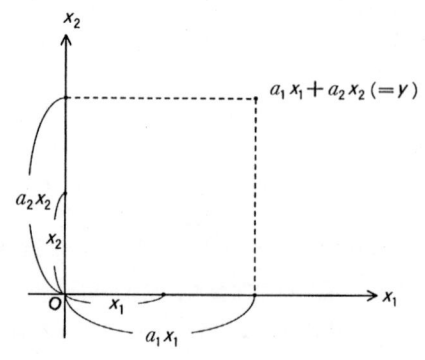

図 6.4　2 次元 x_1-x_2 平面

6.2 線形代数の物理的展開

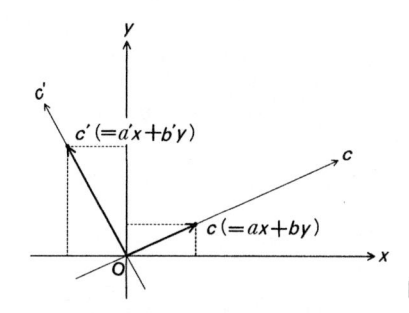

図 6.5 連立方程式の"ベクトル的"理解

実は，図6.4に基づく上記の説明は，式(6.1′)を"ベクトル的"に理解したことになるのであるが，それに気づいただろうか．つまり，変数 x_1, x_2 のそれぞれの方向に単位ベクトルを考えたことに相当するのである．

このような考え方を，連立方程式

$$\left. \begin{array}{l} ax + by = c \\ a'x + b'y = c' \end{array} \right\} \tag{6.4}$$

にも適用してみよう．

ここでは，基本構成要素は変数 x と y になり，数値 c, c' がそれらの基本要素に成分分解されて表示されていることになる．つまり，c や c' が x-y 平面上にある位置に相当する．

さらに発想を拡げて，数値 c や c' の方向を単位ベクトル方向と考えてベクトル的なイメージでとらえ直すと，図6.5に示すように，c-c'(直交)座標空間が存在していると考えることもできる．その時，それらは x-y 平面とは独立して c-c' 平面を構成していることになる．なお，c-c' 座標が直交座標であるかどうかは，一般的には不明であるが，ここではそのように考えておこう．

また，c-c' 座標平面が x-y 座標平面がある角度だけ回転したものと考えれば，結局，そのような理解は式(2.10)の内容と同じことになる．そうすると，図6.5に示されるように，ある適当な角度だけ回転すると，c が x 要素，c' が y 要素だけで構成されている状態を見出すことができるだろう．このような操作は単なる図形的な，あるいは数学的な遊びのように思えるかも知れないが，実は，以下の具体例で示すように，物理学上のさまざまな考え方を表現するの

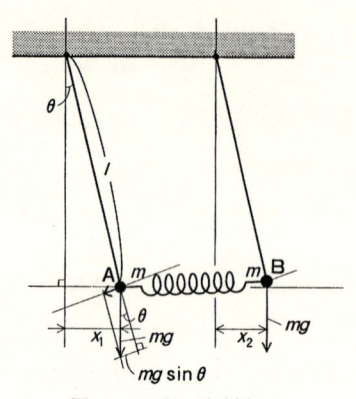

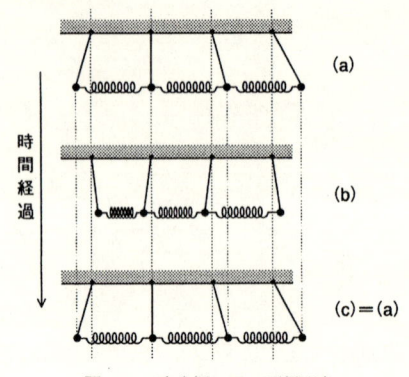

図 6.6　2個の連成振り子　　　　図 6.7　連成振り子の再帰現象

に大変有効なのである．

■連成振り子問題の重要性

　力学の問題によく現われる連成振り子のうち，最も単純なのは図6.6に示すような2個の振り子から成るものである．

　本題に入る前に余談的なことを述べる．

　現代社会においては，高性能のコンピューターが安価に，そして簡単に手に入れられるのであるが，ほんの50年ほど前までは，単純な計算しかできないものでも簡単には手に入れられない高価な計算機器だった．そのようなコンピューターの，科学分野における最初期の応用例の一つが，図6.6に示すような連成振り子の運動を計算物理（方程式を直接解くのではなく，数値計算で方程式の解の状態を逐次調べていく物理学の一分野）で検討するものであった．

　有名な例としては，ベータ崩壊の研究で有名なフェルミ (1901—1954) の指導で行なわれた，128個の1次元連成振り子が時間と共にどのような振動をしていくかを検討する計算がある．初期状態（各振り子の位置，運動状態）から振動が連続していくと，長時間の振動の後に，必ず，その初期状態が再現されるというのがポアンカレ (1854—1912) の「再帰定理」と呼ばれる数学的な"予測"であった（図6.7参照）．それは，ある種の"思考実験"の結論なのであるが，現実に実験的に確認することは，糸のよじれや空気抵抗など，さまざまな要因のために不可能であった．そこで，フェルミは，ポアンカレの予測を計算

で確かめようとしたのである．

結果は，ポアンカレの予測どおりだった．

連成振り子の振動問題自体は，現実的にはそれほど重要ではないかも知れないが，このような計算そのものは極めて重要なのである．例えば，現代の"エレクトロニクス文明"の基盤は半導体結晶であるが，結晶格子を構成する原子は互いに連成振り子のように結合した状態にあり，そのような原子の振動の理解は物理学的にも工学的にも極めて重要だからである．そのような"格子振動"を表現する数学モデルの基本が，図6.6に示すような2個の連成振り子の振動問題なのである．もちろん，バネに相当するのは原子間の結合（エネルギー）である．

■連成振り子の振動

さて，図6.6を参照して，物理的な問題を考えることにしよう．

同じ長さ(l)の糸に吊るされた左右に振動する質量 m の球状物体を A，B とする．これらの物体には，地球上で運動する限り，垂直下向きに重力加速度 g によって重力 mg が働く．図から理解できるように，この重力が物体の横方向の運動に寄与するが，その運動方向に働く力は

$$\text{A}: \quad mg\sin\theta = mg\frac{x_1}{l} \tag{6.28}$$

$$\text{B}: \quad mg\sin\theta = mg\frac{x_2}{l} \tag{6.29}$$

で表示できる．ここでは，図の右方向に x 軸のプラス（＋）方向を決め，吊るされた場所の鉛直線から x 軸へのずれを物体 A，B についてそれぞれ x_1, x_2 とした．さらに，物体 A，B はバネ定数 k のバネによって結合されているとした．つまり，このバネの長さが x だけ伸びると，その伸びと反対方向に kx（伸びの方向を＋方向とすると $-kx$）の力が働くことになる．

このような連成振り子では

$$m\frac{d^2x_1}{dt^2} = -mg\frac{x_1}{l} - k(x_1 - x_2) \tag{6.30}$$

$$m\frac{d^2x_2}{dt^2} = -mg\frac{x_2}{l} + k(x_1 - x_2) \tag{6.31}$$

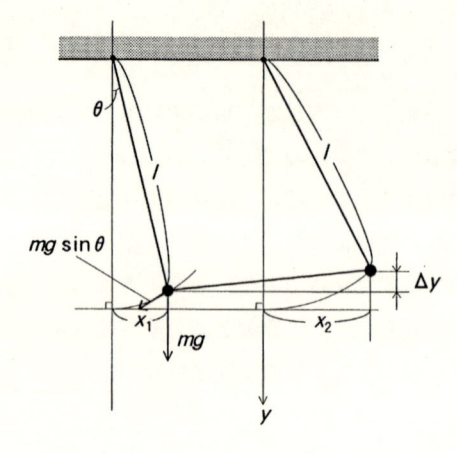

図 6.8 バネが伸び縮みする場合の y 座標のずれ Δy

という運動方程式が成り立つ.

しかし, 厳密に考えると, 物体 A, B 間のバネがまったく伸び縮みしない場合だけ, 位置 x_1 と x_2 が同じ y 座標を持つことになる. したがって, 図 6.8 に示すように, それらの x 座標が異なる時は, Δy のために 2 物体間の距離はそれぞれの y 座標にも影響される. しかし, ここでは話を単純にするために, 振動は十分に小さく, したがって $\Delta y=0$ とし, 2 物体間の距離 (バネの長さ) は x 座標の相違のみで表現できるものとした.

式 (6.30), (6.31) の両辺を m で割り, $g/l=\alpha$, $k/m=\beta$ とおくと

$$\frac{d^2 x_1}{dt^2} = -\alpha x_1 - \beta(x_1 - x_2) \tag{6.32}$$

$$\frac{d^2 x_2}{dt^2} = -\alpha x_2 + \beta(x_1 - x_2) \tag{6.33}$$

という比較的簡単な連立方程式ができる. 連成振り子が定常的な振動をしている限り, これらの 2 式は物体 A, B の運動を記述する連立方程式である.

式をもう少し整理して線形代数との関連を考える前に, 全般的な見通しをよくするために, 式の変形と, この連立方程式の解の形について考えておこう.

式 (6.32) と式 (6.33) を加え, また式 (6.32) から式 (6.33) を引くことによって

$$\frac{d^2(x_1 + x_2)}{dt^2} = -\alpha(x_1 + x_2) \tag{6.34}$$

6.2 線形代数の物理的展開

図 6.9 (a) $x_1 - x_2 = f_2 = 0$　(b) $x_1 + x_2 = f_1 = 0$

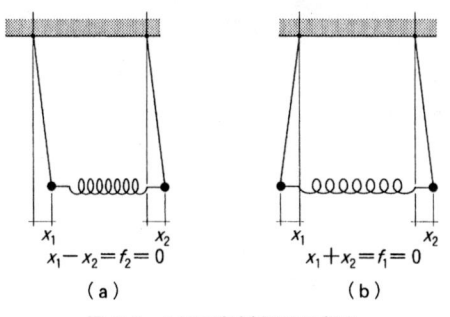

図 6.9　2個の連成振り子の振動

$$\frac{d^2(x_1 - x_2)}{dt^2} = -\alpha(x_1 - x_2) - 2\beta(x_1 - x_2) \tag{6.35}$$

を得る.

次に, $x_1 + x_2 = f_1$, $x_1 - x_2 = f_2$ とおき, $-\alpha - 2\beta = -\gamma$ とおくと, それら f_1, f_2 の物理的内容は図 6.9 から明瞭であろう. つまり, (a) に示すように, 物体 A と B が揃って同じ方向に振動する場合 ($f_2 = 0$) と, (b) に示すように反対方向に振動する場合 ($f_1 = 0$) である. これらの置き換えをそれぞれ式 (6.34), (6.35) に代入すると

$$\frac{d^2 f_1}{dt^2} = -\alpha f_1 \tag{6.36}$$

$$\frac{d^2 f_2}{dt^2} = -2\gamma f_2 \tag{6.37}$$

という簡単な形に到達する.

ここで, 記憶力のよい読者は第 4 章で述べた 2 階微分の式

$$\frac{d^2(\sin x)}{dx^2} = -\sin x \tag{4.81}$$

$$\frac{d^2(\cos x)}{dx^2} = -\cos x \tag{4.80}$$

を思い出すかも知れない. 上式の x を θ に置き換え, 2 階微分の記号「″」を使って書き改めると

$$(\sin\theta)'' = -\sin\theta \tag{6.38}$$

$$(\cos\theta)'' = -\cos\theta \tag{6.39}$$

が得られる．

ここで，式 (6.38) の $\sin\theta$ で $\theta = \omega t$ と変換すると

$$\frac{d(\sin\omega t)}{dt} = \omega\cos\omega t \tag{6.40}$$

$$\frac{d^2(\sin\omega t)}{dt^2} = -\omega^2\sin\omega t \tag{6.41}$$

となる．

さらに，4.2.3項で議論した「オイラーの公式」

$$e^{ix} = \cos x + i\sin x \tag{4.54}$$

を思い出すと，式 (6.36)，(6.37) の解は $e^{i\omega t}$ の形に落ち着きそうである．実際，

$$\frac{d(e^{iAx})}{dx} = iAe^{iAx} \tag{4.57}$$

を思い出せば，$y = e^{i\omega t}$ について

$$\frac{dy}{dt} = i\omega e^{i\omega t} \tag{6.42}$$

$$\frac{d^2y}{dt^2} = -\omega^2 y \tag{6.43}$$

という結果が得られるのである．

結局，振り子の運動状態を表わす変数 f_1, f_2 つまり x_1, x_2 は指数関数 $e^{i\omega t}$ に関連した形に落ち着きそうである．

■固有値と固有ベクトル

以上のような準備（いささか長い準備だったが）をして，もう一度，式 (6.32)，(6.33) を見てみよう．ただし，今度は両式をまとめて行列を使った表示にする．

$$\frac{d^2}{dt^2}\begin{pmatrix}x_1\\x_2\end{pmatrix} = \begin{pmatrix}-(\alpha+\beta) & \beta \\ \beta & -(\alpha+\beta)\end{pmatrix}\begin{pmatrix}x_1\\x_2\end{pmatrix} \tag{6.44}$$

このように行列表示される内容が連成振り子の運動を表わす連立方程式なのである.

ここで，この後の議論のために，少し名称を説明しておこう．式 (6.44) の右辺の第一の ( ) を取り出し

$$C = \begin{pmatrix} -(\alpha+\beta) & \beta \\ \beta & -(\alpha+\beta) \end{pmatrix} \qquad (6.45)$$

とする．このような行列は，各要素を a_{ij} と表示した場合（i 行 j 列の行列の要素），$a_{ij} = a_{ji}$ である．つまり，要素が"対称的"になっているので，このような行列を特別に**対称行列**と呼ぶ．また，$a_{ij} = -a_{ji}$ の場合は**反対称行列**と呼ばれる．

また，一般的に，$m \times n$ 行列，例えば

$$A = \begin{pmatrix} a_{11} & a_{12} \\ a_{21} & a_{22} \end{pmatrix}$$

の行と列を入れ替えた行列を**転置行列**と呼び，A^T で表わす．上記の行列 A に対し

$$A^T = \begin{pmatrix} a_{11} & a_{21} \\ a_{12} & a_{22} \end{pmatrix}$$

である．対称行列は転置行列としての性質も持っていることはわかるだろう．

さて，もし式 (6.44) で表現される運動をする振り子 A, B の位置 (x_1, x_2) が式 (6.42), (6.43) のような指数関数 $e^{i\omega t}$ に関連する形で表わされるとすると，その 2 次元ベクトルは

$$X = (x_1, x_2) = e^{i\omega t}(a, b) \qquad (6.46)$$

のような形になると考えられる．その場合，式 (6.43) で表現される運動は

$$\frac{d^2(e^{i\omega t})}{dt^2}(a, b) = -\omega^2(a, b) \qquad (6.47)$$

のようになるだろう．

このような形の解が，一般的な振り子や連成振り子の議論に極めて都合のよ

いことは，上述の説明を見直していただければ，理解できるだろう．このような解が存在すると，式 (6.44) は

$$-\omega^2 \begin{pmatrix} a \\ b \end{pmatrix} = \begin{pmatrix} -(\alpha+\beta) & \beta \\ \beta & -(\alpha+\beta) \end{pmatrix} \begin{pmatrix} a \\ b \end{pmatrix} \quad (6.48)$$

のようになる．$-\omega^2 = \lambda$ とし，式 (6.48) を

$$\begin{pmatrix} -(\alpha+\beta) & \beta \\ \beta & -(\alpha+\beta) \end{pmatrix} \begin{pmatrix} a \\ b \end{pmatrix} = \lambda \begin{pmatrix} a \\ b \end{pmatrix} \quad (6.49)$$

のように変形する．

このようなベクトル (a, b) は λ に対する**固有ベクトル**と呼ばれる．また，解にとって重要な係数である λ を**固有値**と呼ぶ．固有値と固有ベクトルは，少なくとも，連立方程式を満たす解の一つである．

さて，式 (6.49) の右辺の内容を対応する左辺の各項の部分に移項すると

$$(A=)\begin{pmatrix} -(\alpha+\beta)-\lambda & \beta \\ \beta & -(\alpha+\beta)-\lambda \end{pmatrix} \begin{pmatrix} a \\ b \end{pmatrix} = 0 \quad (6.50)$$

が得られる．ここで留意していただきたいのは，左辺の係数に関する行列が，この段階でもやはり対称行列になっていることである．この形の行列が $(a, b) = (0, 0)$ 以外の解を持つ条件は，左辺の行列の行列式がゼロになることである．このことは，係数に当たる部分から式 (6.50) が出てこなくてはいけないので，数式で

$$\det A = 0, \quad A = (C - \lambda I) \quad (6.51)$$

と書き表わされる．この"I"は**単位行列**と呼ばれるもので，2×2 行列の場合は

$$I = \begin{pmatrix} 1 & 0 \\ 0 & 1 \end{pmatrix} \quad (6.52)$$

である．

式 (6.51) のような方程式は**固有方程式**あるいは**特性方程式**と呼ばれる．そ

の解 λ が固有値で,それに対応するベクトル解が固有ベクトルというわけである.

固有値,固有ベクトルとは,簡単にいえば,多くの要素から成る複雑な依存性があるように見える現象に対して,その基準となる"基底空間"を提供するものである,として理解していただきたい.

また,連立方程式の係数から作られる行列が,対称行列になるということを物理学的に解釈すると「その連立方程式で表わされる運動(現象)が何らかの対称性を持っている」ということである.そして,その運動の"軸"に相当するような直交行列を形成する固有ベクトル系によって,固有値に象徴されるような対称性を用いた表現が数学的に可能なわけである.

本来は,連成振り子の運動の解を導くところまで説明しなければいけないのかも知れないが,それは他のより数学的な教科書にゆずる.ここでは,現象の物理的側面と数学的構造をいささか深く説明したということで,このあたりにとどめることにする.

6.2.2 量子力学
■量子論的粒子の挙動

アインシュタインの光子説と,それを支持する実験事実によって,光(電磁波)は波動性と粒子性を合わせ持つものであることが明らかになった.このような光子説とボーアの"前期量子論"を飛躍的に発展させたド・ブロイ(1892 —1987)は,エネルギー E,質量 m を持ち,速さ v で運動する粒子を

$$\nu = \frac{E}{h} \tag{6.53}$$

$$\lambda = \frac{h}{mv} \tag{6.54}$$

で与えられる振動数 ν と波長 λ を持つ波動とみなし,これを**物質波**と呼んだ.ただし,ここで,h はプランク定数である.

ミクロ世界,マクロ世界において,運動するすべての物質・物体は波動性を持つが,マクロ世界では定数 h に比べ,運動量 (mv) が文字通り桁違いに大きいから,実効的に $\lambda \approx 0$ となって波動性が意識されることはない.しかし,ミク

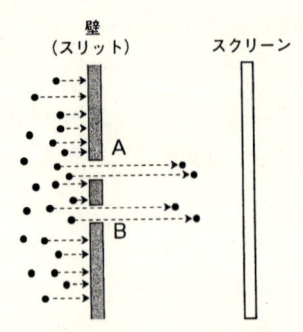

図 6.10 スリットを通過する粒子 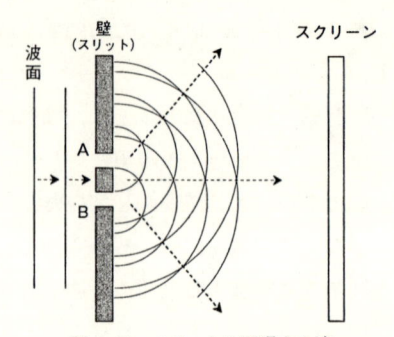　　図 6.11 スリットを通過する波

ロ世界の電子のような量子論的粒子の場合は波動性を無視できなくなる．

　このようなミクロ世界の粒子の存在状態，挙動を定量的に扱う数学的手法が量子力学（波動力学，行列力学）と呼ばれるものである．この量子力学によれば，粒子の運動状態は，波動の時間的・空間的変動を表わす**波動関数**と呼ばれる関数で記述されることになる．

　以下，この波動関数について簡単に述べるのであるが，ここまでで"数学漬"になった頭を休める意味で，余談として，"粒子"と"波動"の特徴を視覚的に眺めてみよう．頭の"休憩"を必要としない読者は，この部分を飛ばして先へ進んでいただいても構わない．

　図 6.10 に示すように，多数の粒子が A，B 2 個の窓（スリット）が開いた壁に向かって運動し，この壁が粒子の運動量（エネルギー）に対し十分に強固であり，かつ緻密であるとする．この時，この壁を通過できる粒子は，A あるいは B の窓を通過したものに限られる．もし，後方にスクリーンを置いておけば，そのスクリーン上には通過した粒子の衝撃による何らかの，局在的な痕跡が得られるはずである．また，そのことによって粒子の局在性が明らかになるはずである．

　しかし，一つの波は，図 6.11 に示すように，A，B の両方のスリットを同時に通過し，ホイヘンスの原理に従って，それぞれ A，B を新たな波源とする波として進行する．

　そして，それらの波は互いに干渉する（その"干渉"が波動性の絶対的証拠である）．

6.2 線形代数の物理的展開

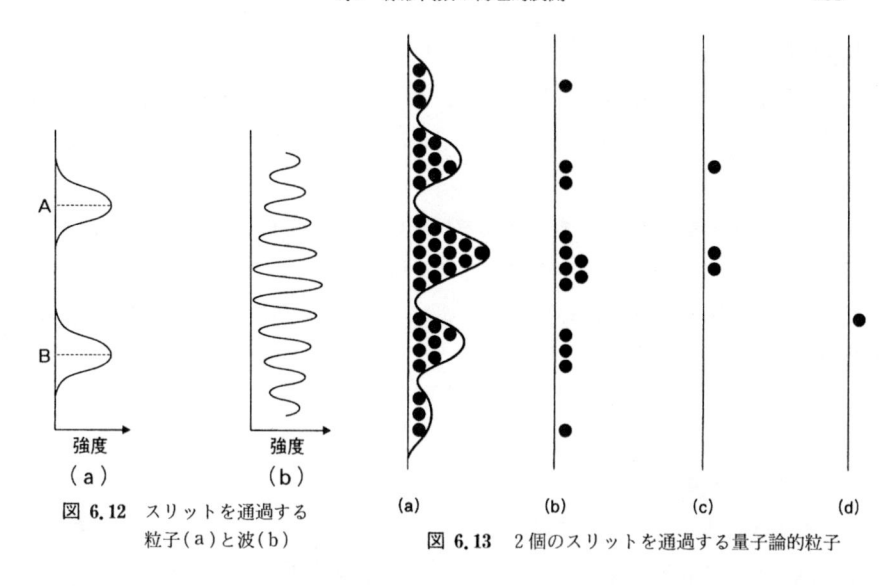

図 6.12 スリットを通過する粒子(a)と波(b)

図 6.13 2個のスリットを通過する量子論的粒子

例えば，図 6.10 に示すような状況で，左側から投手がボールを何度も投げたとする．後方のスクリーン（ボード）に当たったボールの位置と数の統計を取れば，その結果は図 6.12(a)のようになるだろう．縦軸がボードの位置を示し，横軸はボールの個数に相当する強度（あるいは確率）を示す．一方，図 6.11 に示すような状況で，左側から音波（水面の波でもよい）を送ったとすれば，図 6.12(b)に示すような"干渉縞"が生じる．このような干渉という現象は，通常，粒子の場合には起こり得ない，波ならではの現象である．

しかし，図 6.10 に示される粒子が量子論的粒子の場合は，その解釈はさておき，図 6.13(a)に示すような"干渉縞"が現われることが実験的に確かめられている．

そして，図 6.13 に示すように，(a)→(b)→…と粒子の数を少なくしていくと，干渉縞が消え，つまり波動性が消えて，粒子性（局在性，不可分性）が現われてくるのである．また，図 6.13 の(a)→(d)を逆に(d)→(a)と考えれば，1個1個の量子論的粒子は波動性を示さないが，ある量以上の集団になると波動性を現わす，ということになる．

さて，このあたりの議論の詳細については，本シリーズの『したしむ量子論』などを参照していただくとして，話を"数学"に戻すことにしよう．

■波動関数

詳しい話は省略するが,電子のような量子論的粒子の物理的状態が,波動関数(一般に"ψ"という記号で表わされる)と呼ばれる関数によって表現されるのである.

いま,この波動関数 ψ で表わされる状態にある粒子(以下,量子論的粒子の意味である)について,ある物理量を測定したとする.そのことは,量子力学では,波動関数 ψ に物理量を観測することに対応する演算子 A を働かせて,観測値 α を得るという表現,つまり

$$A\psi \longrightarrow \alpha\psi$$

という表示で説明される.

このような表示を,すでに説明した線形代数学の言葉で説明すると,観測値 α は固有値,波動関数 ψ は演算子 A にとって固有関数(固有ベクトル)に対応する.状態が一つしかなく,物理量も一つしか測定されなければ,そのような観測は常に定常値しか与えないので議論の余地はない.しかし,実際には,複数の状態が可能であり,一般的には,それに対応して複数の観測値が現われる可能性がある(もちろん,複数の状態に対し,観測値が一つということもあり得るが).つまり,上記の表示は

$$A\psi_n \longrightarrow \alpha_n\psi_n \tag{6.55}$$

という表示に変更されるだろう.ここで"n"は状態や測定値(固有値)を区別する記号である.

計算の詳細は量子力学の教科書に任せるが,このような場合の固有値 α_n(つまり,物理量)を求めるには,式 (6.55) に示した n 番目も含めて固有状態に対応する波動関数 ψ_m(n 番目と別の状態についても考えるので添え字は m にした)を導入し,波動関数として可能性のあるすべてについて

$$\int \psi_m^* A \psi_n d\tau = \alpha_n \int \psi_m \psi_n d\tau = A_{mn} \tag{6.56}$$

についての計算が必要になる.ここで,ψ_m^* は ψ_m の共役複素数 $\left(\int \psi_m^* \psi_m d\tau = 1\right)$ である.

この式の意味は，簡単にいえば，物理量 α_n を与える物理的状態が起こる確率が，波動関数どうしの"重なり"を計算する積分で与えられる，ということである．

正直にいえば，計算の詳細にこだわらないことにしても，普通の感覚で式 (6.56) 全体が意味することを理解するのは困難である．つまり，われわれの日常的感覚では，波動関数 ψ_n で表わされる"状態"について，測定値つまり"物理量 α_n"が必然的に結びついていると思われるのに対し，ここでは，物理量 α_n は演算子要素 A_{mn} を知ることによって求まる，と考えているのである．したがって，番号 m と n で規定される演算子の各要素 A_{mn} を知ることが，そのまま物理量を知ることになるわけである．この要素 A_{mn} は $m \times n$ 行列である．

具体的な計算は量子力学の教科書に任せるとして，物理的な内容と線形代数との関係だけについて説明を続ける．

上述した量子力学上の問題は，数学的に解釈すると，すでに説明した線形代数の固有値問題とまったく同等の意味内容に相当するのである．なお，波動関数（複素関数である）に働かせて，必ず実数の固有値（人間は物理量を必ず実数として測定する）を与える演算子が"エルミート演算子"と呼ばれるものである．この演算子の性質，具体的な計算は量子力学の教科書を参照していただければ，必ず詳しく説明されている．

線形代数は，物理学における応用としては，上述の量子力学における応用が最も重要であろうが，ある大きさを持った物体の回転トルクが設計上重要な機械工学の分野や，物質の流れ，移動，さらに変形などを問題とする分野においても必須の道具である．この章の内容を基礎にしてさらに学習を続けていただきたい．

チョット休憩● 6

ケイリー

ケイリー（Arthur Cayley, 1821−1895）は行列と行列式と呼ばれる分野の開拓者である．彼は英国人の父とロシア人の母の間に生まれ，若くして数学の才能を発揮した．大学までの教育課程では，彼のためだけに数学の特別クラ

スが作られたほど期待された．そして，事実，彼はケンブリッジ大学の数学優等生試験を首位で通過した．しかし，同じ分野のもう一人の立役者といえるシルベスター（1814—1897）と同様に，彼は生計の道として法律家を選んで法学校に学んだ．ライプニッツ（1646—1716）の場合も含めて，なぜか法律家と"二束のわらじ"を履く数学者が多いが，その傾向は現代であれば，法律学よりも経済学であろうか．

彼は42歳の時，ケンブリッジ大学の数学教授となったが，それまでにすでに200篇あまりの数学論文を著していた．その後は，女性に大学の門戸を開くために努力したことを含め，人格的にも非常に優れ，思いやりにあふれた人物として優れた数学上の業績を上げつつ，平穏な人生を送った．

彼が研究した分野のうち，数学上の変換に関する「不変式論」と呼ばれる分野が発展して，行列と行列式の分野に結びついたのであるが，彼がその内容を理解し，公表したのは1858年であったとされている．この分野が物理学に大きな展望をもたらしたのであるが，その端的な例が1925年に現われたハイゼンベルクの「行列力学」と呼ばれる「量子力学」の表現方法である．本文中にも述べたように，量子の存在確率の基本である波動関数は，数学的に単純化すれば，物理量を得るための操作に対応するエルミート（直交，複素）演算子の固有関数であることが要請される．その場合，物理量はその関数の固有値である．このことを実際の測定に適用する際に，行列計算が有用となる．つまり，ケイリーの研究から70年ほどして，彼の数学は物理学を根本的に変革する手段として，再度，世の中に現われ出たことになる．

ところで，人間的な話題としてシルベスターとケイリーを比較することは，興味深いことである．すなわち，この19世紀イギリス数学界の2巨頭は，卒業大学も同じで，ともに法律家として生計を立てたのち数学界に復帰するなど，類似の経歴を経たように見えるが，シルベスターの人生はケイリーほど順風満帆ではなかった．彼は，ユダヤ人であったので，当時の英国の大学では差別されたのである．卒業時の数学優等生試験も2位（実際の成績は首位に相当した）であったし，立派な業績と受賞歴にもかかわらず，就職先として希望した大学からは再三拒否された．彼は56歳で英国の陸軍大学教授を退役したが，それまでも，また，退役時にもかなり不当な扱いを受けたようである．

彼の人生が明るくなるのは，その後，米国ジョンズ・ホプキンス大学の教授になってからで，学問的にも最盛期の勢いを取り戻し，米国数学界のレベルの向上にも大きく貢献した．さらに晩年といえる1883年にオックスフォード大学の数学教授として英国に復帰した．彼は，ケイリー同様，人生の最後まで数学的な能力，情熱が持続したようで，最晩年にもレベルの高い研究を行なっている．

演 習 問 題

最後に付け加えれば,彼ら2人のもう一つの共通点として,深い文学的教養がある.彼らはギリシア語,ラテン語の古典語以外に数カ国語に通じ,それらの国の文学にも深くしたしんでいたようである.ある人の感想として,シルベスターの論文や総説を読むと,その文章の背後に古典文学の豊かな素養が見え隠れするので,そのこと自体に酔ってしまう,というものがある.誠に興味深い人物2人によって,今日の線形代数学は開拓されたわけである.

■演習問題

6.1 連立方程式

$$\left.\begin{array}{l}2x+3y=8\\3x+5y=13\end{array}\right\}$$

をクラメルの公式を用いて解け.

6.2 固有値を λ,固有ベクトルを (a, b) とする.

$$\begin{pmatrix} 2 & -1 \\ -1 & 2 \end{pmatrix}\begin{pmatrix} a \\ b \end{pmatrix} = \lambda \begin{pmatrix} a \\ b \end{pmatrix}$$

の λ を求めよ.

6.3 行列

$$A=\begin{pmatrix} 1 & 2 \\ 3 & 4 \end{pmatrix},\ B=\begin{pmatrix} 3 & 5 \\ 0 & 1 \end{pmatrix}$$

について,(a)$A+B$,(b)$A-B$ を求めよ.

6.4 $A=\begin{pmatrix} 2 & -1 \\ -1 & 2 \end{pmatrix}$ の固有値を求めよ.

6.5

$$\sigma_1=\begin{pmatrix} 0 & 1 \\ 1 & 0 \end{pmatrix},\ \sigma_2=\begin{pmatrix} 0 & -i \\ i & 0 \end{pmatrix},\ \sigma_3=\begin{pmatrix} 1 & 0 \\ 0 & -1 \end{pmatrix}$$

において,$\sigma_1\sigma_2=i\sigma_3$,$\sigma_2\sigma_3=i\sigma_1$,$\sigma_3\sigma_1=i\sigma_2$ が成り立つことを示せ.

6.6 下図に示すように,質量 m の2個の振り子(質点)が強さが等しい(バネ定数 k)3個のバネで結ばれた連成振動の運動方程式を導け.

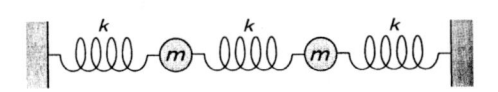

7 確率と統計

　物理学において確率の概念と統計は大変重要である．例えば，前章で触れた量子論的粒子の挙動は「確率」的にしか把握できないし，熱力学の基礎となる統計力学は，その名称どおり確率と統計の考え方を基盤にして成立した．しかも，統計力学は現在の物理学の中で最も重要な分野の一つであり，現在でも非常な勢いで発展しているのである．

　それでは，物理学になぜ確率や統計が必要になったのだろうか．

　現在の物理学の重要な"態度"の一つは，原子やそれを構成する素粒子を基本要素として，いろいろな現象を説明しようとすることであるが，気体や液体，さらに固体を構成する原子の数は，周知のように膨大なものである．例えば，1モルの気体には，約 $6×10^{23}$ 個（アボガドロ数）という想像を絶するほど多くの気体分子が含まれている．したがって，そのような膨大な数の分子や原子の挙動を理解するためには，どうしても"確率"や"統計"の助けを借りなければならないのである．また，上記のように，量子論の世界（ミクロ世界）の現象は，原理的に確率的にしか把握できないのである（ハイゼンベルクの不確定性原理）．

　しかし，確率論と呼ばれる数学の分野を開拓したパスカル（本章末の〈チョット休憩●7〉参照）やラプラス（1749—1827）は，原子の存在が証明される以前の数学者，思想家であるので，当然，確率や統計を上述のような物理現象を説明するために研究したわけではない．彼らは，もっと単純に，トランプ遊びや賭け事など，あまり上品ではない分野も含めて，世の中の出来事を"論理的"に考えようとしたことが発端だったのである．

　つまり，確率や統計は，物理現象の理解に役立つばかりでなく，日常生活においても，特に賭け事が好きな人にとっては，大いに役立つものなのである．しっかり勉強していただきたい．（しかし，筆者は賭け事を勧めているわけではない．念のため．）

7.1 確率と統計の基礎

7.1.1 場合の数・順列・組み合わせ

■場合の数と確率

　サイコロは6面でできている．各面には1，2，…，6個の"目(●)"が記されている．このサイコロを振るとどれか1つの面(目)が出る（このような"事がら"を数学用語では**事象**という）．

　サイコロにいかさまがない限り，あるいはサイコロがきちんと作られていれば，どれか1つの目が出る**確率**が1/6になることは，誰でも子供の頃から知っているだろう．このことを，ちょっともったいぶっていうと，起こり得る状態(1，2，…6の目のどれかが出ること)は，どの場合も同じように1/6の確率で起こるが，それはサイコロの目が6通り可能で，1回だけサイコロを振ると，そのうちどれか一つが現われるので「確率は1/6」ということである．このことを数式では

$$n(1)+n(2)+n(3)+n(4)+n(5)+n(6)=N=6 \tag{7.1}$$

と表わす．また，それぞれの目が出る確率は

$$\frac{n(j)}{N}=\frac{1}{6} \tag{7.2}$$

となる．ここで，$n(j)$は，jという目が出る**"場合の数"**で，サイコロの場合は，上述のように1である．つまり，サイコロの場合は，特に$n(j)$などと書かなくても，1と書けばよいのだが，トランプなどに考えを拡張しようとする場合，同じ数の札が4枚存在するわけであるし，もっと数が多いほかの現象を考える場合に備えて，一般的には$n(j)$と表記するのである．

　もし，サイコロの場合に，目を奇数のAグループ(1，3，5)と偶数のBグループ(2，4，6)の2つの組に分ければ，Aグループの目が出る確率もBグループの目が出る確率も同じ1/2になるが，それを式(7.2)のように考えれば

$$A : \frac{n(1)+n(3)+n(5)}{6}=\frac{3}{6}=\frac{1}{2} \tag{7.3}$$

$$B : \frac{n(2)+n(4)+n(6)}{6} = \frac{3}{6} = \frac{1}{2} \tag{7.4}$$

となる．つまり，「1でも3でも5でも，奇数であればどんな目でもよい」というのは，上記のように，場合の数の足し算 ($n(1)+n(3)+n(5)=3$) となるわけである．

ところで，例えば，サイコロを2回続けて振ることにして，1回目は奇数(A)，2回目は偶数(B)の目が出る確率を知るためには，まず，そのようなそれぞれの場合の数を計算しなければならない．1回目に出る可能な目が6つ，2回目も同じであるので，2回振るのであれば，6×6=36通りの場合の数(後述する"組み合わせ")が可能である．

1回目に奇数が出るのは3通り，2回目に偶数が出るのも3通りだから，1回目は奇数，2回目偶数と続いて出る場合の数は3×3=9通りである．したがって，上記のような事象が起こる確率は9/36=1/4となる．

上述のような事象を**連続事象**と呼んでもよいが，その事象の数を数式で表現すれば

$$n(A) \times n(B) \tag{7.5}$$

という掛け算になる．

■順列

一般に，異なる n 個のものを1列に並べる並べ方の数（場合の数）の総数は

$$n \times (n-1) \times (n-2) \times \cdots \times 2 \times 1 = n! \tag{7.6}$$

になることは理解しやすいだろう．そして，この "$n!$" を「nの階乗」と読む．

また，例えば，トランプの札の中には同じ数の札が4枚含まれるが，一般的に，n 個のうち，p 個が同じもの，q 個が同じもの，$\cdots t$ 個が同じもの，というような場合，n 個を1列に並べる並べ方の総数は

$$\frac{n!}{p!\,q!\cdots t!} \tag{7.7}$$

で求められる．このような公式がなぜ成り立つかについては読者自身で考えていただきたい．例えば，3種の果物（メロン，リンゴ，ミカンとしよう）が

それぞれ1個，2個，3個，合計6個あるような場合，それらを1列に並べる並べ方の数などを考えてみるとよい（本物の果物を実際に並べてみればわかりやすいだろう）．

次に，異なる n 個のものから r 個取り出して並べる並べ方の数について考えてみる．ここで r は0から n までの数である．上記の $n!$ は $r=n$ の場合のことである．

このように，「異なる n 個のものから r 個取り出して並べる並べ方」は，n 個から r 個取る**順列**と呼ばれる．そして，その並べ方の総数は $_nP_r$ で表わされる．この"P"は"permutation（順列）"の頭文字である．$_nP_r$ は，式(7.6)で，n から r 番目までの掛け算で止めることによって得られる．つまり，$(n-r)$ より小さな数の積は不要なわけであるので

$$_nP_r = n \times (n-1) \times (n-2) \times \cdots \times (n-r+1)$$
$$= \frac{n!}{(n-r)!} \qquad (7.8)$$

となる．

■組み合わせ

順列のほかに，確率，統計の基礎的な概念として**組み合わせ**というものがある．例えば，トランプの異なる5枚のカードの中から3枚を選ぶとすれば（3枚の"組み合わせ"を作るとすれば）全部で何通りあるだろうか，というようなことを考えることが基本である．

順列の場合，異なる n 個のものから r 個を選び出し，順番を気にして並べたのであるが，組み合わせを考える場合は，順番はどうでもよい．つまり，r 個が要素になっている集団の数を考えるのである．例えば，3個の数 $(1, 2, 3)$ について，順列では $\langle 1, 2, 3 \rangle$ と $\langle 1, 3, 2 \rangle$ を区別しなければならなかったが，組み合わせの場合，$\langle 1, 2, 3 \rangle$ と $\langle 1, 3, 2 \rangle$ は要素が同じなので同じものとみなす．したがって，区別しなければならないのは，要素として他の数が入れ替わった場合（例えば，3の替わりに4が入った場合）である．

このような組み合わせの総数を求めるのは，異なる n 個の要素から r 個を選んで，その r 個の順番は気にしない，というのだから，逆に，r 個の数の順番

は何通りあるかを計算して，その数で順列の数 ($_n\mathrm{P}_r$) を割ればよいのである．つまり，そのような組み合わせの数を $_n\mathrm{C}_r$ で表わし，数式で表現すると

$$_n\mathrm{C}_r = \frac{_n\mathrm{P}_r}{r!}$$

$$= \frac{\frac{n!}{(n-r)!}}{r!}$$

$$= \frac{n!}{(n-r)!\, r!} \tag{7.9}$$

となる．なお，"C" は "combination（組み合わせ）" の頭文字である．

例えば，異なる 5 枚のカードから 2 枚を選ぶ組み合わせの数は

$$_5\mathrm{C}_2 = \frac{5!}{(5-2)!\, 2!} = \frac{5\cdot4\cdot3\cdot2\cdot1}{(3\cdot2\cdot1)(2\cdot1)} = \frac{5\cdot4}{2} = 10 \tag{7.10}$$

となる．

■物理学における簡単な応用

確率・統計の物理学への重要な応用例については次節で述べるが，ここでは簡単な応用例について考えてみよう．

物理学によく出てくる問題として，図 7.1 に示すように，「n 個の要素を r 個の組に分類する，しかし，それぞれの組に属している要素は互いに区別できない」というようなものがある．

このような問題がなぜ重要かといえば，例えば，固体中の n 個の電子が異なるエネルギー準位の状態におかれているような場合の統計的計算がしばしば重要になるからである．

この場合の考え方は，比較的簡単である．

まず n 個の電子から，あるエネルギー準位 E_1 に属している r_1 個の電子を取り出す．個々の電子の区別はできないので，これは $_n\mathrm{C}_{r_1}$ の計算である．次に，

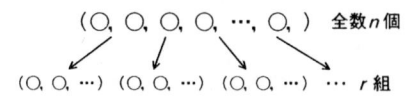

図 **7.1** n 個の要素の r 組への分類

残りの $(n-r_1)$ 個の電子からエネルギー準位 E_2 に属している r_2 個を取り出す. この組み合わせの数は $_{n-r_1}C_{r_2}$ である. 結局, このような操作を繰り返すのであるが, 例えば, エネルギー準位が E_1, E_2 に限られる場合の計算をすると

$$_nC_{r_1} \times {}_{n-r_1}C_{r_2} = \frac{n!}{(n-r_1)!\,r_1!} \times \frac{(n-r_1)!}{(n-r_1-r_2)!\,r_2!}$$

$$= \frac{n!}{r_1!\,r_2!\,r_3!} \qquad (7.11)$$

となる. ここで, $r_3!$ は, E_1 と E_2 に属さない電子の数に関する項 $(n-r_1-r_2)!$ のことであるが, ここで考えているすべての電子が E_1, E_2 のいずれかに属するとすれば, $n-r_1-r_2=0$ であり, 階乗計算の約束で $0!=1$ だから, この場合, 式 (7.11) は

$$_nC_{r_1} \times {}_{n-r_1}C_{r_2} = \frac{n!}{r_1!\,r_2!} \qquad (7.12)$$

となる.

以上のことを一般化すると, n 個の要素を r 組に分類する組み合わせの数は

$$\frac{n!}{n_1!\,n_2!\,n_3!\cdots n_r!} \qquad (7.13)$$

という数式で表現される. ここで, 一般に n_j は j 番目の組に属する要素数を意味することを憶えておいていただきたい.

ところで, 式 (7.13) は式 (7.7) と同じものであることに気づいただろうか.

7.1.2 確率と集合
■統計的確率

まず, "確率"という考え方であるが, 本章の冒頭のサイコロの例で述べたように, 考えている対象で, 起こり得るすべての事象の数が n の中で, r 個の事象 (例えば "A" という事象) に限って起こることの確率は r/n である. 一般に, 事象 A の確率は $P(A)$ という記号で表わされる. この "P" は "probability (確率)" の頭文字である.

ここで, また話をサイコロの例に戻そう. サイコロは"確率"を考える場の絶好のモノだからである.

図 7.2 大数の法則

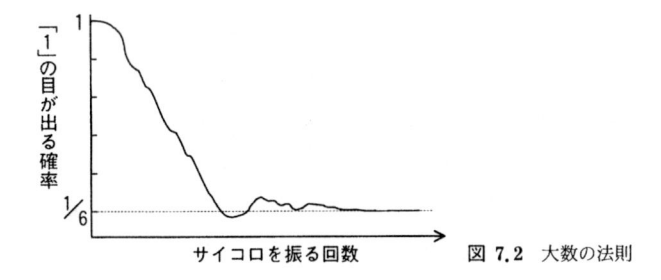

　先述のように，サイコロの 1〜6 の目が出る確率は，いずれの場合も 1/6 なのは明らかだが，例えばサイコロを 1 回振った時，「1」の目が出たとすると，この場合の「1」が出る（出た）確率は 1/1（この分母はサイコロを振った回数，分子は「1」が出た回数）＝1(100 %) である．また，サイコロを 10 回続けて振った時，「1」の目が 3 回出たとする．この場合，「1」の目が出る（出た）確率は 3/10 であり，いま述べたばかりの 1/6 とは異なる．ところが，サイコロを振る回数を増やしていくと，図 7.2 に示すように，「1」の目が出る（もちろん，ほかの数の目の場合も）確率は間違いなく，式 (7.2) で表わされる 1/6 に近づいていくのである．

　サイコロを n 回振った時，「1」の目が出た回数を S とすると，S/n を**相対度数**という．一般的には，ある事象の総数 n に対して，その事象の中の事象 A が起こった回数を S とすれば，値 S/n を事象 A の相対度数というのである．

　図 7.2 に示したように，総数 n を増やしていくと，この相対度数 S/n は次第に一定の値 P に近づいていく．このことを一般的な数式で，4.1 節で述べた極限の概念を用いて表現すれば，

$$\lim_{n\to\infty}\frac{r}{n}=P \tag{7.14}$$

となり，この P を特に**統計的確率**と呼ぶ．もちろん，現実的には n を無限大にすることはできないのであるが．

　以上のサイコロの例で示されるように，1 回 1 回は互いに無関係な試行（**独立試行**）（例えば，サイコロを振る，というようなこと）を n 回繰り返す時，事象 A が起こる回数を S とおくと，試行の回数 n が大きくなるに従って，相対度数 S/n は $P(A)=P$ に近づいていく．これが図 7.2 に示される**大数の法則**と呼

ばれるものである.

ところで, 余談ながら, 1個のサイコロを n 回振る場合と, まったく同じとみなせる n 個のサイコロを同時に振った場合 (いずれの場合も, n は無限大とはいわないまでも十分に大きな数とする), 例えば, 「1」の目が出る確率 (あるいは相対度数) は同じになるのだろうか. 実は, この問題は, 統計力学あるいは統計物理学の教科書には必ず出ている「エルゴード問題」あるいは「エルゴードの仮説」と呼ばれるものである. 興味のある読者は自分自身で調べて (勉強して) いただきたい.

■集合

確率は, 全体の場合の数を分母にして計算されるのであるから, 必ず1よりも小さいはずである. このことは

$$0 \leq P(\mathrm{A}) \leq 1 \tag{7.15}$$

と表現できる.

いま, 全体の場合の"数"を図7.3に示すような長方形 (の面積) で表わすとする. これは**全事象**を表わしており, このような**集合**を**全体集合**と呼ぶことにする. そして, このような全事象 (全体集合) の中で, 事象 A の集合 (これは全体集合から見れば**部分集合**と呼ばれる) を図の◉で表わす.

事象 A が起こる確率が $P(\mathrm{A})$ であったが, 事象 A が起こらない事象を $\bar{\mathrm{A}}$ (これを A の**余事象**と呼ぶ) とし, $\bar{\mathrm{A}}$ の確率を $P(\bar{\mathrm{A}})$ で表わすと

$$P(\bar{\mathrm{A}}) = 1 - P(\mathrm{A}) \tag{7.16}$$

である. 図7.3でいえば, 長方形全体から A の部分集合を引いた部分に相当す

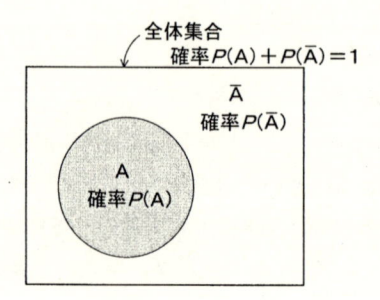

図 7.3 集合と確率

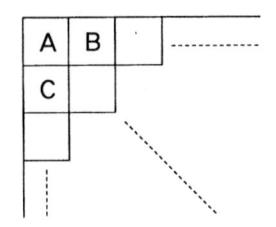

図 7.4 和集合（A∪B∪C…）

る．

式 (7.16) および図 7.3 から

$$P(A)+P(\bar{A})=1 \qquad (7.17)$$

は明らかであろう．

例えば，物質全体で A は固体の集合だとすると，式 (7.16) で表わされたのは，固体以外の物質（液体，気体）の割合である．

このような考え方をより一般化して，これまでに人間が認識している物質を，図 7.4 に示すように，ある基準によって A，B，C，…に分類する場合について考えてみよう．

分類 A，B，C，…に重なりがない（それぞれが**独立事象**）限り，ある物質がそれぞれの分類に属する確率を定義しようとすれば

$$P(A+B+C+\cdots)=P(A)+P(B)+P(C)+\cdots \qquad (7.18)$$

であって，分類が完璧であれば

$$P(A+B+C+\cdots)=\sum P(N)=1 \qquad (7.19)$$

となる．ただし，N=A，B，C，…である．

もし，より大きな別の分類法で Z という分類があり，その中に分類 A と分類 B が含まれるような場合，そのことを

$$Z \supset A, B \qquad (7.20)$$

と表わす．この記号 "⊃" は「含まれる」という意味を表わす論理記号である．ついでにいえば，式 (7.19) の左辺の $P(A+B+C+\cdots)$ という表現は，論理記

図 7.5 積事象

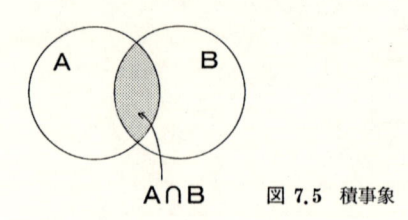

号を用いれば $P(A\cup B\cup C\cdots)$ となり，この記号"∪"は形通り"カップ(cup)"と呼ばれ，各集合の和をとることを意味し，その結果は**和集合**と呼ばれる．例えば，事象Aまたは事象Bが起こる事象は，事象Aと事象Bの**和事象**と呼ばれ，記号

$$A\cup B \qquad (7.21)$$

で表わす．

■加法定理

さて，図7.5に示すように，分類Aと分類Bが部分的に重なっている場合のことを考えよう．このような重なりの部分（図のアミカケ部分）は，事象Aでもあり事象Bでもある事象を意味し，これを事象Aと事象Bの**積集合**と呼び，記号

$$A\cap B \qquad (7.22)$$

で表わす．この記号は形の上から"キャップ(cap)"と呼ばれる．"カップ"（∪）も"キャップ"（∩）も意味内容をよく表現している記号なので，理解は容易であろう．

例えば，図6.10，6.11で述べた粒子（事象A）と波動（事象B）のことを思い出してみる．古典物理学的には，粒子と波動は互いにまったく別のモノである．ところが，図6.13に示したように，量子論的粒子は粒子性と波動性を同時に合わせ持つのである．すなわち，$A\cap B$ は量子論的粒子を表わすことになる．

積事象 $A\cap B$ の確率を $P(A\cap B)$，和事象 $A\cup B$ の確率を $P(A\cup B)$ とすれば，

$$P(A\cup B) = P(A) + P(B) - P(A\cap B) \qquad (7.23)$$

となるが，この式の意味は，図7.5を見れば明瞭であろう．念のために，式(7.23)（そして図7.5も）を言葉で表現すれば「事象Aあるいは事象Bである確率は，両事象のそれぞれの確率を加えたものから，両方にまたがる事象の確率を引けば求まる」となる．

式(7.23)は確率の**加法定理**と呼ばれる重要な定理である．

■**乗法定理**

また，サイコロの話をする．

1個のサイコロを続けて2回振る場合の目の出方について考える．1回目のサイコロの目の出方は，2回目の目の出方にまったく影響を与えないから，これらの試行は独立試行である．

このような場合，例えば1回目に偶数の目が出て，2回目に4以下の目が出る確率を求めてみよう．

単純に2回サイコロを振って起こり得る総事象は6×6=36通りである．ここで，1回目に偶数が出る事象をA，つまりA={2, 4, 6}，2回目に4以下の目が出る事象をB，つまりB={1, 2, 3, 4}とすると，A∩Bの場合の数は3×4=12通りなので

$$P(A\cap B) = \frac{12}{36} \tag{7.24}$$

また

$$P(A) = \frac{3}{6} \tag{7.25}$$

$$P(B) = \frac{4}{6} \tag{7.26}$$

である．式(7.24)〜(7.26)より

$$P(A\cap B) = \frac{12}{36} = \frac{3\times 4}{6\times 6} = \frac{3}{6}\times\frac{4}{6} \tag{7.27}$$

となることが了解できるだろう．つまり，上記の結果を一般的な数式で表わせば

$$P(A\cap B) = P(A)\times P(B) \tag{7.28}$$

が得られる．これは確率の**乗法定理**と呼ばれるものである．

物理現象の連続事象の中には乗法定理が適用できるものが少なくないので，式 (7.28) を理解しておくことは大切である．

7.1.3 確率の分布
■**確率密度分布**

対象とする確率変数 x に対し，その変数値が現われる確率に対応する**確率密度（関数）** $f(x)$ が定義されているとする．ただし，これまでに何度も登場したサイコロの場合は，どの目が出る確率も同じ 1/6 なので，関数は一定値しか示さず，$f(x)=1/6$ である．また，この場合，1，2，…という飛び飛びの確率変数に対してしか値を持たない（これを**離散的**という）．

物理学においてよく取り上げられる電子のエネルギー準位なども本質的には離散的であるが（このことが量子物理学の大きな特徴である），その"飛び飛びの間隔"が非常に小さく，また電子の数も非常に多いので，確率密度関数は実効的に連続的になる．そして，その様子は，基本的に図 7.6 に示すようなものである．

■**期待値**

確率（あるいは確率密度）と深い関係にある値に**期待値**というものがある．本章の扉に述べたように，確率は賭け事と深い関係にあるが，その賭け事を思い浮かべれば，期待値というものが実感できるのではないだろうか．

一般に一つの試行で，ある量が $c_1, c_2, c_3, \cdots, c_n$ という値のいずれかをとり，その確率がそれぞれ $p_1, p_2, p_3, \cdots, p_n$ である時，

$$E = p_1 c_1 + p_2 c_2 + p_3 c_3 + \cdots + p_n c_n \tag{7.29}$$

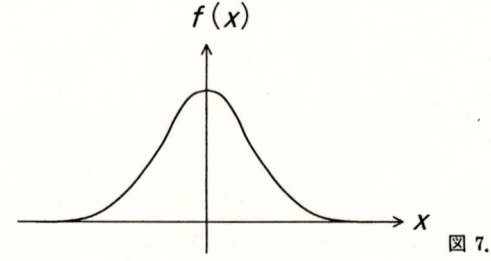

図 7.6 確率密度分布

で表わされる E を期待値と定義するのである．この "E" は "expectation（期待値）" の頭文字である．

式 (7.29) を一般的な数式で表現すれば

$$E = \sum x f(x) \qquad (7.30)$$

$$E = \int x f(x)\, dx \qquad (7.31)$$

となる．式 (7.30) は離散的な場合，式 (7.31) は連続的な場合である．なお，期待値を表わす記号として E のほかに μ が使われる場合もある．ここでは，"expectation" の頭文字である "E" を用いたのであるが，これは，物理学では通常，エネルギーや電場を表わす "E" と混同されてあまりよくないかも知れない．しかし，それぞれが登場する場面が異なるので大きな支障にはならないだろう．

サイコロの例で，期待値を計算してみよう．

サイコロの目の数は離散的であり，それぞれの目が出る確率は 1/6 なので，式 (7.30) を用いて

$$(1+2+3+4+5+6) \times \frac{1}{6} = \frac{21}{6} = 3.5 \qquad (7.32)$$

となる．

しかし，サイコロの目には "3.5" というようなものはないので，このような数値を "期待値" といわれてもピンとこないかも知れない．例えば，"サイコロの目の数の平均値" を求めようとすれば

$$\frac{1+2+3+4+5+6}{6} = \frac{21}{6} = 3.5 \qquad (7.33)$$

となり，意味する内容は式 (7.32) と同じになる．つまり "期待値" を "平均値" と考えることも可能である．

ここで，もう少し "期待値" らしいものを考えることにする．

「物理数学」の教科書の中の例としては好ましくないかも知れないが，確率と "期待値" にしたしんでもらうために，あえて，宝くじの例をあげる．

サイコロを振って，出た目の数の 10000 倍の賞金がもらえるような宝くじが

あるとする．つまり，1が出たら1万円，6が出たら6万円である．ありがたいことに，この宝くじには"外れ"がない（サイコロには0という目がないので）．この宝くじを買った人は，いくらの賞金を"期待"できるのだろうか．式(7.29)に $c_1=1$ 万円，$c_2=2$ 万円，…，$c_6=6$ 万円，$p_1=p_2=…=p_6=1/6$ を代入し，

$$E = 1 \times \frac{1}{6} + 2 \times \frac{1}{6} + 3 \times \frac{1}{6} + \cdots + 6 \times \frac{1}{6}$$
$$= 3.5 \text{（万円）} \tag{7.34}$$

を得る．

つまり，この宝くじを買った人は平均的に35000円の賞金を期待できる，ということである．したがって，このような宝くじを売る方の立場に立てば，あくまでも平均的にではあるが，1枚35000円以上で売らなければ利益が出ないことになる．

■分散と標準偏差

期待値 E が求まっていても，具体的な観測値 x_j がその E の周辺で"揺らいで"いるのが普通の自然現象である．例えば，氷の温度として"期待"されるのは0℃であるが，実際の氷の温度は0℃近辺で揺らいでいるはずである．物理学的に重要なのは，そのような"揺らぎ"の程度が大きいのか小さいのかを示す基準を設けることである．その基本になるのが**分散**と**標準偏差**と呼ばれるものである．

これらの基本的な考え方は，期待値 E と実際の観測値 x_j の差 $\Delta x = x_j - E$ に基づいている．

当然のことながら，"揺らぎ"はプラスとマイナスの両方向に存在するだろうから，Δx はプラスにもマイナスにもなるのであるが，たとえ Δx がどれだけ大きくても，プラスとマイナスの揺らぎの出現が同じであれば，単純な差をとるような数学的操作では，揺らぎが0になってしまうので不都合である．すなわち，まったく揺らぎがない場合との区別ができなくなってしまう．

そこで，差 $(x_j - E)$ の2乗をとって

$$\sum (x_j - E)^2 f(x_j) = \sigma^2 \tag{7.35}$$

$$\int (x-E)^2 f(x)\,dx = \sigma^2 \qquad (7.36)$$

という計算を行ない，σ^2 を**分散**，σ 自体を**標準偏差**と呼ぶことにする．このような σ^2 あるいは σ の値によって，揺らぎの大きさが客観的に表わされることになる．

また，もう，ウンザリかも知れないが，読者も学校でさんざん聞かされてきたであろう**偏差値**についても説明しておこう．

偏差値は，

$$\frac{x-E}{\sigma} \times 10 + 50 \qquad (7.37)$$

で定義される値である．つまり，100 点満点の試験の点を例にすれば，平均点を 50 点として，標準偏差（σ）を基準にして，各学生の得点 x が平均値に対し，どの程度上かあるいは下かを表現しているのである．よく考えてみれば，あまり面白くない，あるいは快くない数値であると思う．このような数値には，あまり付き合いたくないものである．

7.2 物理学への応用

7.2.1 量子論的粒子の存在状態
■確率的存在

電子のような量子論的粒子の特徴は図 6.13 に示したように，粒子性と波動性を同時に有することである．もう一つの重要な，あるいは厄介な特徴（というより本質）は，その存在状態が古典物理学的粒子のように確定的に決められるものではなく，"確率"的にしか表現できないことである．

つまり，電子は"確率の波"としてとらえられる．その解釈をめぐっては現在でも論争があるような課題なのであるが，"確率の波"という考え方は，実用的な解釈としては極めて有効である．ところで，"確率"というのは，すべての物体の運動を一義的に記述するニュートン力学には登場しない概念である．

さて，電子の波動性が事実（電子顕微鏡や電子線回折などによって実証されている）であることから，前述のように，その運動状態は波動の時間的・空間

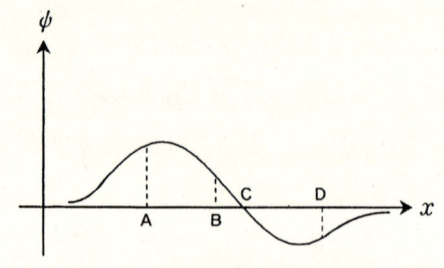

図 7.7 電子の波動性の確率解釈

的変動を表わす波動関数 $\phi(x, t)$ で記述されなけらばならない．古典的波動論においては一般に，$p(=|\phi|^2)$ は，物質密度分布を表わす．ところが，現在の量子物理学の解釈によれば，この $p(=|\phi|^2)$ を量子論的粒子の**存在確率密度分布**と考えるのである．この時，ϕ は**確率振幅**と呼ばれる．

図 7.7 は，ある時刻 t での各点（x 軸方向）の確率振幅 ϕ を表わすとする．これは，時刻 t において，1 個の電子が存在する確率を表わすもので，電子がどこに存在するか確定できないが，各点で発見される確率は $|\phi|^2$ に比例するのである．例えば，A 点の ϕ（波の高さ）が B 点の高さの 2 倍であったとすれば，電子が A 点に発見される確率は B 点に発見される確率よりも $4(=|2/1|^2)$ 倍大きい．また，C 点では $\phi=0$ だから $p=0$ になり，この点に電子が存在することはない．D 点において，$\phi<0$ になっているが，存在確率は $|\phi|^2$ に比例するから支障はない．

さて，ここで図 6.13 で述べた問題に戻る．つまり，1 個の電子自体が波動性（干渉現象を起こす能力）を持つとすれば，A，B 2 個のスリットを同時に通過しなければならないのである．そのようなことは，図 6.10 で説明したように，古典物理学的粒子には不可能である．しかし，量子論的粒子である電子の場合には実際に起こっていることなのである．この不可解な現象を実用的な意味で説明するのが確率解釈である．

スリット A を通過する電子の波動関数を ϕ_A，スリット B を通過する電子の波動関数を ϕ_B とすれば，電子がスリット A，スリット B を通過する確率は，それぞれ

$$p_A = |\phi_A|^2 \tag{7.38}$$

$$p_B = |\psi_B|^2 \tag{7.39}$$

に比例する．そして，1個の電子が両方のスリットを同時に通過する確率 p_{AB} は，**重ね合わせの原理**によって

$$p_{AB} = |\psi_A + \psi_B|^2 \tag{7.40}$$

に比例する．ここで注意すべきことは，重ね合わせるのは確率そのものではなくて，確率振幅であることである．1個の電子が波動性を持つためには，2個のスリットを同時に通過しなければならないが，そのことを定量的に表わすのが式 (7.40) である．つまり，「1個の電子は，確率的に，2個のスリットを同時に通過する」のである．

電子がなぜそのような奇妙な振る舞いをするのか，と問われれば，それが量子論的粒子というものである，と答えるほかはない．

以上のように，量子論的粒子が存在する位置は"確率"で表わされるのであるが，それを図 7.8 に示すような"確率の波形"で表わすことにし，これを**波束**と呼ぶ．波束の中で，振幅が大きいところほど電子の存在確率が大きい．図中の Δx は波束のおよその拡がりを表わし，これはハイゼンベルクの不確定性原理による原理的な不確定性を意味する．

■**波の収縮**

繰り返し述べたように，量子論的粒子の存在位置は，図 7.8 に示したように，常に Δx の不確定さを持つ"確率振幅の波"で表わされる．念のため，図 7.8 をもう一度説明しておく．粒子は Δx の範囲内の各点で確率的に存在し，その各点の存在状態が共存しており（波束），それぞれの波動関数が $\psi_1, \psi_2, \cdots, \psi_n$ であれば，図 7.8 に示される波動関数 ψ は重ね合わせの原理によって

$$\psi = \psi_1 + \psi_2 + \cdots + \psi_n \tag{7.41}$$

となるわけである．何度も強調するように，粒子は Δx の範囲内のどこかに存在

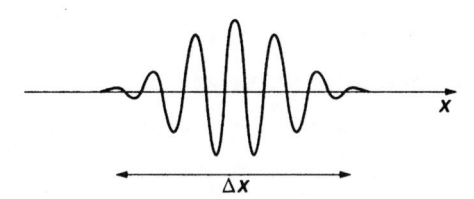

図 7.8　量子論的粒子の確率的存在・波束

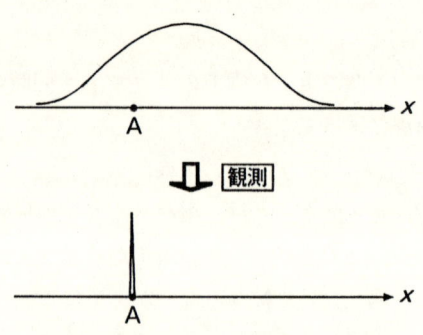

図 7.9 観測による波（波動関数）の収縮

することはわかっているが，確定的なある一点を指定することは原理的に不可能なのである．

ところが，いま，何らかの方法で粒子を観測したとすると，図6.13(d)で示したように，その粒子の位置は確定的に決定する．つまり，この観測の瞬間に，それまでの量子論的粒子の波動性が喪失し，粒子性（局在性）が現われるのである．このことは，例えば，その観測点がAだとすれば，図7.9に示すように，観測の瞬間に"確率の波"が観測点のAに収縮することを意味する．このことを**波の収縮**あるいは**波束の収縮**という．観測の瞬間に，粒子はA点以外の場所に存在しないことになるのだから，その瞬間に式（7.41）は

$$\psi = 0 + 0 + \cdots + \psi_A + 0 \cdots$$
$$= \psi_A \quad (7.42)$$

に変化したことになる．この観測によってもたらされる $\psi \rightarrow \psi_A$ を**波動関数の収縮**という．

上記の説明では，粒子の"確率の波"がA点に収縮した，つまり，粒子はA点で観測されたものであるが，そもそも，A点で観測されるか，A点以外の点，例えばB点あるいはC点で観測されるかは，わからないのである．仮にB点で観測されたとすれば，波動関数の収縮は，$\psi \rightarrow \psi_B$ であるが，初期状態 ψ が同じでも収縮の結果が ψ_A になるか ψ_B になるかはわからないのである．量子力学が与えるのは，それぞれが起こる確率が p_A あるいは p_B だけであった．したがって，観測による波の収縮は純粋に非因果的，そして確率的な事象である．これ

は，粒子が存在する場所が，人為的な観測という行為によって，あたかもサイコロを振ることによって決められることを意味するのではないだろうか．もちろん，各"目"の確率はサイコロの場合のように，均等な 1/6 というわけではないが，基本的にはサイコロによって決まるのと同等の純粋に確率的な事象である．しかし，自然界の現象が人為的な"サイコロ遊び"によって決定され得るものであろうか．量子力学の理論によれば，その答えは「決定され得る」ということになる．

　量子力学は，原子や素粒子などミクロ世界の現象の解明に適用されて，少なくとも実用的見地からいえば完全なる成功を収めている．その理論的予言はいまだかつて実験によって裏切られたことがないのである．そのような実験結果の一つが，図 6.13 の示した電子の挙動である．しかし，量子論の発展に大きな貢献をしたプランク，アインシュタイン，ド・ブロイ，シュレーディンガーらは，この"原理としての確率"に異を唱えたのである．とくにアインシュタインは，「神様はサイコロ遊びなどしない」という有名な言葉を遺した．これが，

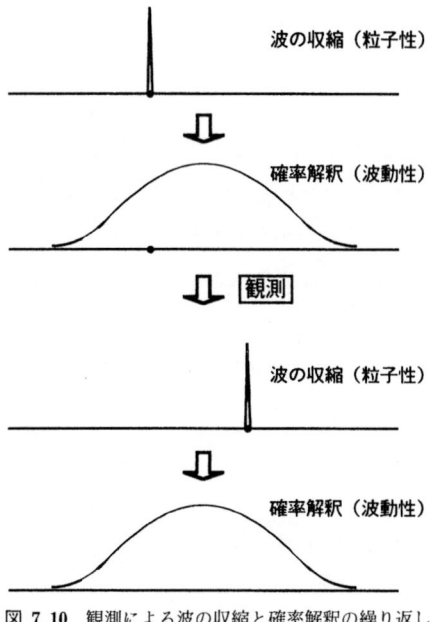

図 7.10　観測による波の収縮と確率解釈の繰り返し

量子論における，いわゆる"観測問題"の発端である．

Δx の幅の中の粒子の確率的存在位置が，観測によってA点に決定することは実験的事実であり，それに対する解釈が図7.9に示す確率的に生じる"波の収縮"というものであった．このように，観測という行為によって，波はA点に収縮するのであるが，観測後の粒子はどうなるのであろうか．A点に収縮した波（鋭いピーク）は，その瞬間には拡がりを持たないのであるが，観測後は図7.10に示すように次第に周囲に拡がっていく．つまり，粒子の存在は再び確率解釈（波動性）に支配されることになる．そして，再び観測が行なわれれば，その瞬間に，波は収縮し（その場所は予測できない）粒子性を示す．このような解釈に従えば，量子論的粒子は粒子性（波の収縮）と波動性（確率解釈）を繰り返すことになる．

7.2.2 スターリングの公式

統計力学のはじめに，図7.11に示すようなたくさんの箱に多くのボールを分配する問題がしばしば登場する．この問題は，多くの量子論的粒子が，それぞれのエネルギー状態にあるときの様子などを考えるためのものである．つまり，量子論の世界では，粒子は飛び飛びのエネルギーの塊，すなわち**量子**と考えることができ(そもそも，このことが量子論の語源である)，それは，飛び飛びのエネルギー状態のみが許される**振動子**と考えることも可能である．

そこで，図7.11の箱を量子のエネルギー状態（準位と呼ぶ），ボールを量子とみなすと，図7.11に示されるのは，ある量子系のエネルギー分配の問題に相当することになる．ある分配方法（状態）に相当する状態数 W は

$$W = \frac{N!}{n_1! \, n_2! \, n_3! \cdots} \tag{7.43}$$

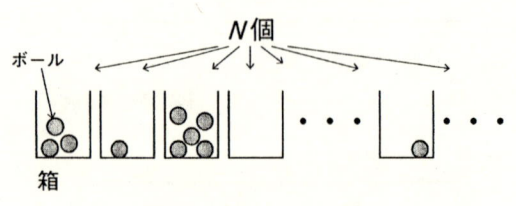

図 7.11 エネルギーの分配

で表現される．ちなみに，式 (7.43) は式 (7.13) と同じものである．ここで，N は全量子数，n_j はそれぞれ j 番目のエネルギー状態にある量子数である．

さて，ここでは確率統計学や統計力学自体の説明には深入りしないで，式 (7.43) の取り扱いに注目する．通常の物理や化学の問題では，N の数値は 10^{23} のように非常に大きなものである．このような場合，**スターリングの公式**と呼ばれる

$$N! \simeq \sqrt{2\pi N}\, N^N e^{-N} \tag{7.44}$$

という近似式を使うことができる．

3.4 節で述べたように，10^{23} というような非常に大きな数値を扱う時には対数を使うのが便利である．式 (7.44) の対数をとると

$$\ln N! = N \ln N - N + \frac{1}{2}\ln(2\pi N) + \mathrm{O}\frac{1}{N} \tag{7.45}$$

となる．ここで "O(1/N)" は "オーダー (1/N)" と読み，"$1/N$ 程度" あるいは "$1/N$ 以下の微小量" の意味である．

特に N が大きい時，式 (7.45) は

$$\ln N! \simeq N \ln N - N \tag{7.46}$$

となる．

このような近似式は，統計力学ではしばしば使われるものである．

7.2.3　ガウス分布とポアッソン分布
■**確率関数の最大値**

A と B の 2 種類の状態をとる "もの" を考えよう．例えば，図 7.12 に示すような，スピン量子数 $m_\mathrm{s}=\pm 1/2$ の電子スピンである．身近な例では，白黒の碁石の集団である．

ある系全体でスピン数が N の時，上向きスピンの数が n とすれば，下向きスピンの数は $N-n$ である．そのようなスピン系の，あるエネルギー状態における状態数 W は，式 (7.43) より

$$W = \frac{N!}{n!(N-n)!} \tag{7.47}$$

図 7.12 電子スピン

となる.

ここで,上向きスピン n 個の状態が起こる確率 $P(n)$ を計算することにする. ともかく, n 個の上向きスピンを含む全状態数が式 (7.47) で表現されている. この時,上向きのスピンが発生する確率を p, 下向きのそれを q とすると(当然 $p+q=1$ である), 式 (7.47) は p が n 回, q が $(N-n)$ 回の確率で起こることを示している. したがって, 式 (7.47) に相当する状態の起こる確率は

$$\text{確率} = p^n \cdot q^{N-n} \tag{7.48}$$

で表わされるだろう.

そうすると, 状態数 W と, その状態が起こる確率の積として,

$$P(n) = \frac{N!}{n!(N-n)!} p^n q^{N-n} \tag{7.49}$$

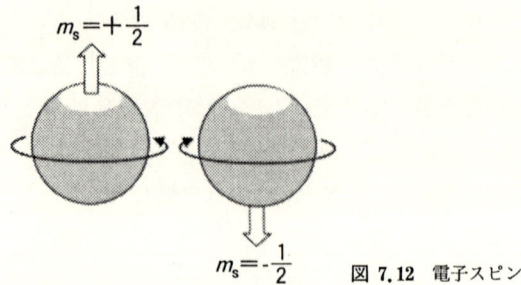

が得られる. この式は, n の値に関係なく成立するもので,例えば,サイコロを N 回振って, "1" の目が n 回出る確率に適用する場合は, $p=1/6$ ("1" の目が出る確率), $q=5/6$ ("1" 以外の目が出る確率) を代入して計算すればよいのである.

統計的問題は, $P(n)$ が最大となる状態はどのようなものか, ということである. N が十分に大きい場合, $P(n)$ が最大値 $P(n)_{\max}$ をとるのは, 図7.13 に示すように (図7.6 参照), n に対する関数 $P(n)$ の傾きが 0 になる時であることが理解できるだろう. そのような n (n^* とする) は, 上向きスピン数 n が $1 \sim N$ 個存在する可能性の中で, もっとも起こりやすい (確率の大きい) 数である. いままでに何度も述べたように, 非常に大きな値を考える時は, 対数をとるのが便利である. 関数 $P(n)$ の傾きが 0 の時, $\ln P(n)$ の傾きも 0 になる. そこで,

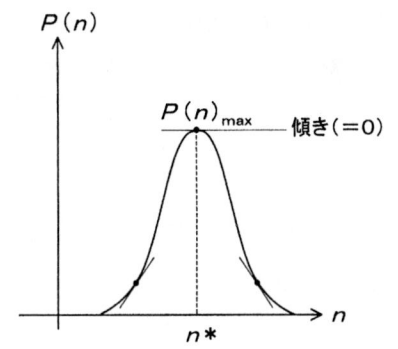

図 7.13　$P(n)$の最大値

関数 $\ln P(n)$ を式 (7.49) から計算すると

$$\ln P(n) = \ln\left(\frac{N!}{n!(N-n)!}p^n q^{N-n}\right)$$
$$= \ln N! - \ln n! - \ln(N-n)! + \ln p^n + \ln q^{N-n} \qquad (7.50)$$

となる.

以下に述べる計算は少々長いので,頭が痛くなるように感じる読者は,飛ばして,結果だけ見るだけでもよい.ただし,計算経過をすべて示すので,ゆっくりたどっていくのは難しくないだろう.

さて,第 4 章で述べたことを図 7.13 で確認すると,関数 $\ln P(n)$ の(グラフの)傾きが 0 ということは,$\ln P(n)$ の n についての微分が 0 ということである.したがって,式 (7.50) と式 (7.46) を用いて(以下,$P(n)$ の (n) を省略),

$$\frac{d(\ln P)}{dn} = \frac{d(\ln N! - \ln n! - \ln(N-n)! + \ln p^n + \ln q^{N-n})}{dn}$$
$$= \frac{d(N\ln N + N - n\ln n + n - (N-n)\ln(N-n) + (N-n) + n\ln p + (N-n)\ln q)}{dn}$$
$$= -\ln n - 1 + 1 + \ln(N-n) + 1 - 1 + \ln p - \ln q$$
$$= -\ln n + \ln(N-n) + \ln p - \ln q$$
$$= \ln\frac{N-n}{n} + \ln\frac{p}{q} = 0 \qquad (7.51)$$

となる.

以上の計算は，一見，複雑で面倒であるが，実際に順を追ってみれば，見掛けほどではないことに気づくと思うので，是非，自分自身で確かめていただきたい．

さらに，式 (7.51) の結果から

$$\ln\frac{N-n}{n}+\ln\frac{p}{q}=\ln\frac{(N-n)p}{nq}=0$$

$$\frac{(N-n)p}{nq}=1$$

$$(N-n)p=nq$$

$$Np=(p+q)n \tag{7.52}$$

となり，式 (7.51) に前述の $p+q=1$ を代入すると

$$n=Np \tag{7.53}$$

という，大変興味深い結果が得られる．

これまでの"長ったらしい"計算で何が求まったのかというと，最も実現しそうな上向きのスピン数 n（図7.13参照）は，全スピン数 N に上向きのスピンの出現確率 p を掛け合わせることによって得られる，という単純な結果なのである．言葉でいってしまえば誠に当り前に思えることが，数式の長い計算で求められたわけである．式 (7.53) で得られた"n"は，上向きのスピンの最も出現しそうな個数ということで，前述のように"n^*"と記述することにしよう．

■**ガウス分布**

さて，いよいよ，本項の"見出し"にある**ガウス分布**の表現式まで，あと一歩のところまできた．

スピン数 n^* の近くで，確率関数 $P(n)$ の形がどうなるかを知りたければ，4.2.4項で述べたテイラー展開を用いればよく，それは

$$\ln P(n)=\ln P(n^*)+\frac{d\ln P(n)}{dn}(n-n^*)$$
$$+\frac{1}{2}\frac{d^2\ln P(n)}{dn^2}(n-n^*)^2+\cdots \tag{7.54}$$

となる．

この展開で，右辺の第2項が0になることが，関数 $P(n)$ が最大値をとる条件であった（図7.13参照）．そこで，式（7.54）から第2項が消えて，

$$\ln P(n) - \ln P(n^*) = \frac{1}{2}\frac{d^2\ln P(n)}{dn^2}(n-n^*)^2 \qquad (7.55)$$

となる（4.2.4項で述べたように，物理学上の多くの問題では，2階微分項まで考慮するだけで十分である）．

式（7.55）に式（7.51）をもう一回微分した結果と，その結果に $n^*=Np(=\bar{n})$ を用いると，

$$\frac{d^2\ln P(n)}{dn^2} = -\frac{1}{Npq} \qquad (7.56)$$

が得られ，式（7.55）と合わせて，

$$P(n) = P(n^*)\exp\frac{-1(n-n^*)^2}{2Npq} \qquad (7.57)$$

が求まる．

ここで，$n-n^*=x$ とおけば

$$P(n) = P(n^*)\exp\frac{-x^2}{2Npq} \qquad (7.58)$$

となり，これを規格化した一般的な関数として

$$y = f(x) = e^{-x^2/a^2} \qquad (7.59)$$

とする時（a は定数），この関数で表わされる図7.14に示すような確率分布のことを**ガウス分布**あるいは**正規分布**と呼ぶのである．式（7.59）および図7.14に示される定数 a が関数の"幅"の程度を表わすことになる．

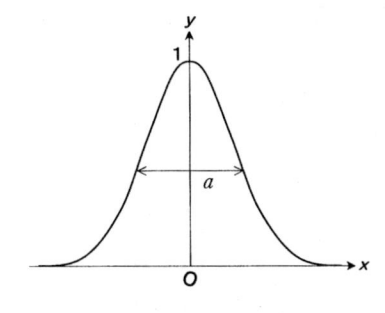

図 7.14　ガウス（正規）分布

■ポアッソン分布

次に,式 (7.49) を $p \ll 1$, $n \ll N$ の条件下で考えてみる.この条件は,前述の電子スピンの例でいえば,非常に多数 (N 個) のスピンから成る系で,下向きスピンの出現確率が上向きスピンのそれに比べて圧倒的に大きい ($p \ll q$) 場合に相当する.

便宜上,式 (7.49) を以下に再掲する.

$$P(n) = \frac{N!}{n!(N-n)!} p^n q^{N-n} \tag{7.49}$$

まず,$n \ll N$ という条件から

$$\frac{N!}{(N-n)!} \approx N(N-1)(N-2)\cdots(N-n+1)$$
$$\approx N^n \tag{7.60}$$

が導かれる.N は非常に大きな数なので,$N-1$, $N-2$, $\cdots N-n+1$ はすべて N とみなせるからである.

次に,式 (7.49) の q^{N-n} の部分に注目し,これを $y = q^{N-n}$ とおくと

$$\ln y = (N-n)\ln q = (N-n)\ln(1-p) \tag{7.61}$$

となり,対数関数のテイラー展開から得られる $\ln(1+x) \approx x$ を用い,また $p \ll 1$, $n \ll N$ なので

$$\ln y = N(-p)$$
$$y = \exp(-Np) \tag{7.62}$$

となる.

式 (7.60),(7.62) を式 (7.49) に代入すると

$$P(n) = \frac{N^n}{n!} p^n \exp(-Np) \tag{7.63}$$

が得られる.式 (7.63) は一般的な関数として,$NP = \lambda$,$n = x$ とおきかえれば,

$$y = f(x) = \frac{\lambda^x}{x!} e^{-\lambda} \quad (x = 0, 1, 2, \cdots ; \lambda > 0) \tag{7.64}$$

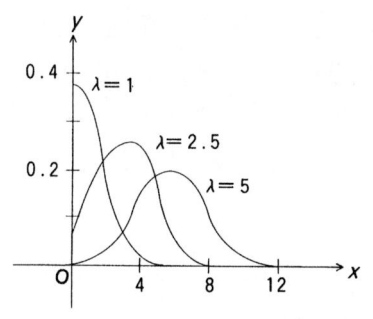

図 7.15 ポアッソン分布

と表示され，このような関数で表わされる確率分布は**ポアッソン分布**と呼ばれ，それは，図7.15に示されるような分布を示す．

このような分布も，ガウス分布と並んで，物理現象を考え，表現する際にしばしば現われるものである．

■ボルツマン分布

ここでもう一度，図7.11と以下に再掲する式 (7.43) を見ていただきたい．

$$W = \frac{N!}{n_1! \, n_2! \, n_3! \cdots} \tag{7.43}$$

ここで，例えば，N 個の量子が多くのエネルギー状態（n_j として区別される）に分配されて収まっている系を考える．この状態数を表わす関数 W について対数をとると（いつでも，大きな数を扱う時に頼りになるのが対数である！）

$$\ln W = \ln N! - \sum \ln n_j! \tag{7.65}$$

となる．なお，総和($\sum$)は j についてであるが，数式上 j は省略した．式(7.46)を用いて近似計算を行なうと，結果は

$$\ln W = N \ln N - N - \sum (n_j \cdot \ln n_j - n_j) \tag{7.66}$$

となる．この式の各 j 準位にある量子の数がほんの少し変動したとする．そのような変動（変分）をいままでは "Δn_j" と表記したが，ここでは "δn_j" と表記することにする．"δ" も "微小変化" には違いないのであるが，"Δ" と比べ，少し意味が膨らんでいて，"ちょうど落ち着きどころとなる最小変化量"という意味あいが込められている．さらに，"δ" が関数に働く場合にも，その関数に

対して同様の意味あいが込められることになる．この"Δ"と"δ"についての数学的に厳密な議論については，「変分法」という分野に関する事項で説明される．興味のある読者は自分自身で調べていただきたい．

さて，各 n_j の変分に関わる関数 $\ln W$ 自体の変分を考えることにする．つまり，数式上は

$$\begin{aligned}\delta \ln W(n_j) &= \delta\{-\sum(n_j \cdot \ln n_j - n_j)\} \\ &= -\sum(\delta n_j \cdot \ln n_j + n_j \delta \ln n_j - \delta n_j) \\ &= -\sum\left(\delta n_j \cdot \ln n_j + n_j \cdot \frac{1}{n_j}\delta n_j - \delta n_j\right) \\ &= -\sum \delta n_j \cdot \ln n_j \end{aligned} \qquad (7.67)$$

となる．これが，状態数 W についての変分計算の結果である．

統計力学で考えている系では，この状態数（の対数）$\ln W$ の変分に，2つの条件が付帯している．つまり，考えている系では全量子の数は一定であるという条件と，全量子が持っているエネルギーの総和も一定であるという条件である．それらの条件を数式で表わせば

$$\delta N = \sum \delta n_j \qquad (7.68)$$

$$\delta E = \sum \varepsilon_j \delta n_j \qquad (7.69)$$

となる．ここで，ε_j は各準位のエネルギーであり，E は系全体のエネルギーである．

さて，ある系が絶対温度 T に保たれている時，圧倒的に状態数が多い状態が温度 T の"平衡状態"のはずだ，というのが統計力学の基本的な考え方である．したがって，ここでの問題は，状態が最大値を持っていて，式(7.68)，(7.69)の条件が満たされているような関数形を求めることである．それは，定性的には，式 (7.67) と式 (7.68)，(7.69) の内容の全体のバランスを考えることに相当する．

ただし，単位が異なる関数の和を考える以上，単位合わせのための係数を掛ける必要がある．通常，式 (7.68)，(7.69) の和をとると

7.2 物理学への応用

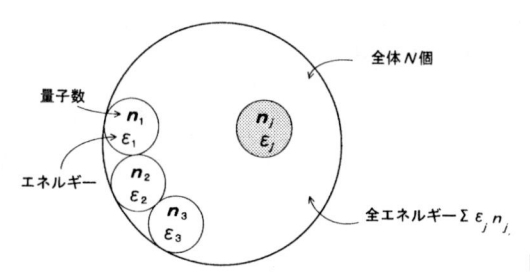

図 7.16 量子エネルギーの分配

$$-\sum \delta n_j \cdot \ln n_j + \alpha \sum \delta n_j + \beta \sum \varepsilon_j \delta n_j$$
$$= -\sum (\ln n_j + \alpha + \beta \varepsilon_j) \delta n_j \tag{7.70}$$

という結果が得られる．このことを物理的に解釈して模式的に示すのが図 7.16 である．なお，このような取り扱い方を"ラグランジュの未定係数法"と呼ぶ（具体的には，式 (7.70) 中の α, β のことである）．

式 (7.70) を構成する 3 項の単位について考えてみると，第 1 項の状態数の関数 $\ln W(n_j)$ と量子の個数である第 2 項の単位は無次元（単位なし）と考えてよい．しかし，エネルギーと個数の積である第 3 項は，他の 2 項と次元（単位）を合わせようとすれば，係数 β の単位が（エネルギー）$^{-1}$ であることが必要である．なお，係数 α と β の符号（+, −）については，物理的な考察からここの記述のようになった．

数学的に厳密な議論は別にして，各準位にある量子の数 n_j は，全体として"つじつま"が合っていれば（条件を満たす状態数 W がほぼ最大値をとっていること），変動してもよい．つまり，δn_j は任意の数値と考えることができる．そのような"こと"が式 (7.70) で確実に達成するための条件は

$$\ln n_j + \alpha + \beta \varepsilon_j = 0 \tag{7.71}$$

である．そして，この条件を満たすためには，j 番目にある量子の数 n_j が

$$n_j = \exp(-\alpha - \beta \varepsilon_j) \tag{7.72}$$

という形をしていればよいのである．式 (7.72) を書き直して

$$n(\varepsilon) = A\exp(-\varepsilon/kT) \qquad (7.73)$$

のように整理したものが**ボルツマン分布**と呼ばれるものである．この式で，$A = \exp(-\alpha)$ であり，定数 k が**ボルツマン因子（定数）**と呼ばれる定数である．

読者は物理学のさまざまな場面で，このボルツマン分布やボルツマン定数に出会うだろう．

チョット休憩●7
パスカル

　パスカル（Blaise Pascal, 1623-1662）をここで取り上げた理由は，彼がラプラス（1749-1827）に先駆けた確率論の創始者といわれるからである．ただし，彼はヨーロッパが中世から近代を迎える時代を生きた人である．したがって，当時は科学や哲学と文学，さらに宗教の垣根は現在よりも非常に低く，それらの各分野の問題は分離されておらず，渾然一体となって人間の前に立ちはだかっていた．

　パスカルは非常に多面的な活動をした人である．この章の議論に直接関連する「パスカルの三角形」で知られる確率論につながる仕事以外に，われわれは気体についての「パスカルの原理」，幾何学における「パスカルの定理（複比の定理）」や，いまだに刺激的な部分を含むとされる著書『円錐曲線論』，さらに哲学的エッセー『パンセ』など，350年あまり前の時代を生きた人で，かつ日本とは何の関連もないにもかかわらず，少なからずの日本人が彼の仕事のうちの多くを記憶し，現代的な問題点も含むものとして読んでさえいる．

　彼は，現代人からみれば複雑な人物である．非常に単純化して説明すれば，デカルトの思考の哲学的側面は，物質（連続するもの）としての人間の身体と，完全に抽象的存在ともいえるその精神（難しく"思惟"と呼んでもよい）が，こうも一体化して動き得る（それが全体としての人間活動であるが）理由には，結局「神」の存在を考えないわけにはいかない，という部分がある．このような思考がパスカルの一生に深く関連したヤンセン派のキリスト教徒'（ポール・ロワイヤル修道院派）には不十分な思考に感じられた．しかも，デカルトはヤンセン派に対立的なジェスイット派の中で教育された人であった．

　したがって，デカルトやパスカルが数学者としての側面をもち，それでいて哲学者や宗教家（特に後者）でもあった理由は，彼らが自分の能力を多面的，

最大限に発揮しようとした，などという現代人の考えそうなものではない．結局，彼らにとって"数学"的考察が，人間の純粋の"思惟"的側面がもっとも鋭利に現われ出た精神活動である以上，それによってこの世界が深く理解できることは，人間の思惟が偉大であることの証明になる．したがって，自分自身でその創造を行なうことは，この世界の構造と，人間の理性の相互作用に関する"(楽しい)実験"でもあったわけである．

　彼の宗教的活動を，才能を無意味な方向に消費したと断じる書物もある．しかし，彼の時代のヨーロッパ圏に住む知識人は，多かれ少なかれ，政治，哲学，宗教，自然学，数学などのいくつかに多面的に参加していたのである．そして，そのような活動の理由は，先に論じたように，人間存在とは何かとか，神の存在の証明とかいった，当時の人々にとって自己存在の根底に関わる問題が，多面的な検討を必要としたためである．

　彼は結局，精神のバランスを失って若くして死ぬことになるが，彼が取り上げた問題は，その思想分野に限っても，現代にも受け継がれて検討を必要とするものである．例えば，デカルトが人間の思惟，思考，運動などを総合的にいくら解明しても，パスカルが問題とし，そのような次元よりも上位にある「人間は何故生きなければならないのか」とか，「人間にとって絶対に必要な"愛"(色々な次元の)は，どこから来て，どのような構造で発生，持続するものなのか」という問いは，人間にとって永遠の問題であろう．彼の活動を振りかえって見てみると，"数学"は自然科学の一部といえるのであろうかと，疑いたくなるのである．

■演習問題

7.1 ある容器の中で，理想気体を構成する粒子（気体分子）が互いに独立に動き回っているとする．いま，容器をA，Bの部分に2等分する．粒子の数が(a) 1個，(b) 2個の場合，粒子がA，Bに存在する確率を求めよ．

7.2 スターリングの公式（近似式）

$$N! \simeq \sqrt{2\pi N}\, N^N e^{-N} \tag{7.44}$$

で$N=2$の場合と$N=10$の場合の"近似度"を確かめよ．

7.3 異なる元素A，B，…，Jが10個ある．これらの元素から2個を選んで化合物（例えばAB）を作るとすると，いくつの異なる化合物が可能か．ただし，ABとBAは同じものとみなす．

7.4 N個の気体分子が入っている容器がある．この容器を左右の部分に分ける．気体分子が左に入る確率をp，右に入る確率をqとした時，左側にn個入る確率を求めよ．

演習問題の解答

■第1章
1.1 省略（本文参照）．
1.2 省略（本文参照）．
1.3 省略（本文参照）．
1.4 省略（本文参照）．
1.5
$$\log(2^{200} \times 3^{300}) = 200 \times \log 2 + 300 \times \log 3$$
$$= 200 \times 0.301 + 300 \times 0.477$$
$$= 60.2 + 143.1 = 203.3$$

$2^{200} \times 3^{300} = N$ とすれば，$\log N = 203.3$ だから，N は204桁の数である．

対数を使わないで，この答を求める場合のことを考えれば，対数の便利さを実感できるであろう．

■第2章
2.1 省略（本文参照）．
2.2 省略．各自考えていただきたい．
2.3 省略（本文参照）．
2.4 省略（本文参照）．

■第3章
3.1 一次関数では，速度一定の物体の移動距離と移動時間との関係，毎月同額の貯金をした時のxカ月後の貯金総額など．そのほか，読者自身で考えていただきたい．

3.2 偶数次数の関数はプラス方向とマイナス方向が基本的に対称である．一方，奇数次関数では非対称である．このような特徴が，物理現象の表現に用いられる場合の最大の利用価値である．ただし，物理の世界における"対称性"には難しい理屈がたくさん存在することに留意していただきたい．

3.3 省略（図3.23参照）．
3.4 省略（図3.26参照）．
3.5 省略（本文参照）．

■第4章
4.1 例えば，微分については，自動車の運転中，加速や減速する際，アクセルやブレーキの踏み込み具合を調節する時に無意識に使われている．積分については，例え

ば風呂にお湯を入れる場合，時々様子を見て，蛇口を開いたり閉めたりすることである．

4.2 簡単にいえば，運動の軌跡である曲線が直線で近似できるようになるまで h を小さくとればよい．

4.3 単純な指数関数の掛け算である．自分の力で計算して欲しい．そして，式の左辺がいかに巧妙に右辺の計算から出てくるか，味わっていただきたい．

4.4 h と Δx とは必ずしも同じになる必要はない．読者自身で考えていただきたい．

4.5 省略（本文参照）．

4.6 元の関数 $\exp(ix)$ と同形になる．

4.7 省略（本文を参照し，まさに自分の考えを述べていただきたい）．

■第5章

5.1
$$A \cdot B = |A||B|\cos\theta$$
$$= 1 \cdot 1 \cdot \cos 60° = 0.5$$
$$A \times B = |A||B|\sin\theta\, C$$
$$= 1 \cdot 1 \cdot \sin 60°\, C = \frac{\sqrt{3}}{2} C$$

5.2 x 方向については
$$(\partial/\partial x)(1/r) = (\partial/\partial x)(x^2+y^2+z^2)^{-1/2}$$
$$= -x/(x^2+y^2+z^2)^{-3/2}$$
$$= -x/r^3$$

となり，y 方向，z 方向もそれぞれ同様なので，演算子 ∇ を働かせた結果は
$$\nabla\phi \propto -(x/r^3)\mathbf{i} - (y/r^3)\mathbf{j} - (z/r^3)\mathbf{k} = -\mathbf{r}/r^3$$
この結果から，電位と電場との関係として
$$E(x, y, z) = -\nabla\phi \propto -\mathbf{r}/r^3$$

5.3 電場の表現は
$$E(x, y, z) = -\mathbf{r}/r^3$$
$$= -(x\mathbf{i} + y\mathbf{i} + z\mathbf{k})/r^3$$

x 成分を計算すると
$$\left(\frac{\partial}{\partial x}\mathbf{i} + \frac{\partial}{\partial y}\mathbf{i} + \frac{\partial}{\partial z}\mathbf{k}\right) \cdot \left(\frac{-x\mathbf{i}}{r^3}\right)$$
$$= -\frac{1}{r^3} + 3x\frac{\partial r}{\partial x}/r^4$$
$$= -\frac{1}{r^3} + 3x^2/r^5 \quad \left(\text{ただし，}\frac{\partial r}{\partial x} = \frac{x}{r}\right)$$

y, z 成分についても同時に計算して総和を求めると

演習問題の解答

$$\mathrm{div}\boldsymbol{E}(x,y,z) = \nabla \cdot \boldsymbol{E}$$
$$= -3/r^3 + 3(x^2+y^2+z^2)/r^5$$
$$= -3/r^3 + 3/r^3$$
$$= 0$$

つまり,3次元空間内で,どこか遠くにある電荷によって生じている電場を,その電荷を含まない空間(箱)内での"湧出量"を測定すると,結局「湧出はゼロである」ということである.

5.4 第1式(ガウスの法則)と第2式(磁束,磁場の湧出はゼロ)は"発散"を用いており,第3式(ファラデイの法則)と第4式(アンペールの法則)は"回転"を用いている.

5.5 省略(本文参照).

■第6章

6.1 公式(6.17)により

$$x = \frac{\begin{vmatrix} 8 & 3 \\ 13 & 5 \end{vmatrix}}{\begin{vmatrix} 2 & 3 \\ 3 & 5 \end{vmatrix}} = \frac{40-39}{10-9} = \frac{1}{1} = 1$$

$$y = \frac{\begin{vmatrix} 2 & 8 \\ 3 & 13 \end{vmatrix}}{\begin{vmatrix} 2 & 3 \\ 3 & 5 \end{vmatrix}} = \frac{26-24}{10-9} = \frac{2}{1} = 2$$

6.2 行列部分が対称行列になっていることに注意する.この固有方程式は

$$\begin{vmatrix} 2-\lambda & -1 \\ -1 & 2-\lambda \end{vmatrix} = 0$$
$$(2-\lambda)^2 - 1 = 0$$
$$\lambda^2 - 4\lambda + 3 = 0$$
$$\lambda = 1, 3$$

6.3 (a) $A+B = \begin{pmatrix} 4 & 7 \\ 3 & 5 \end{pmatrix}$

(b) $A-B = \begin{pmatrix} -2 & -2 \\ 3 & 3 \end{pmatrix}$

6.4 問題6.2と同じ設問である!?(それに気づけば十分である)したがって,固有値方程式 $AX = \lambda X$ より

$$\begin{vmatrix} 2-\lambda & -1 \\ -1 & 2-\lambda \end{vmatrix} = (2-\lambda)^2 - 1$$
$$= (\lambda-1)(\lambda-3) = 0$$

固有値 $\lambda = 1, 3$.

6.5 ここに示す行列 σ_1, σ_2, σ_3 は量子学で重要な**パウリ行列**と呼ばれるものである．積を求めるには，式 (6.18) を参照するとよい．

$$\sigma_1\sigma_2 = \begin{pmatrix} 0 & 1 \\ 1 & 0 \end{pmatrix}\begin{pmatrix} 0 & -i \\ i & 0 \end{pmatrix} = \begin{pmatrix} i & 0 \\ 0 & -i \end{pmatrix} = i\begin{pmatrix} 1 & 0 \\ 0 & -1 \end{pmatrix} = i\sigma_3$$

$$\sigma_2\sigma_3 = \begin{pmatrix} 0 & -i \\ i & 0 \end{pmatrix}\begin{pmatrix} 1 & 0 \\ 0 & -1 \end{pmatrix} = \begin{pmatrix} 0 & i \\ -i & 0 \end{pmatrix} = i\begin{pmatrix} 0 & 1 \\ 1 & 0 \end{pmatrix} = i\sigma_1$$

$$\sigma_3\sigma_1 = \begin{pmatrix} 1 & 0 \\ 0 & -1 \end{pmatrix}\begin{pmatrix} 0 & 1 \\ 1 & 0 \end{pmatrix} = \begin{pmatrix} 0 & 1 \\ -1 & 0 \end{pmatrix} = i\begin{pmatrix} 0 & -i \\ i & 0 \end{pmatrix} = i\sigma_2$$

6.6 振り子A，Bの x 軸方向の変位をそれぞれ x_1, x_2 とすると

$$m\frac{d^2x_1}{dt^2} = -kx_1 - k(x_1 - x_2)$$
$$= -2kx_1 + kx_2$$
$$m\frac{d^2x_2}{dt^2} = -kx_2 + k(x_1 - x_2)$$
$$= kx_1 - 2kx_1$$

ここで $k/m = \omega^2$ とおくと，上式はそれぞれ

$$\frac{d^2x_1}{dt^2} = -\omega^2(2x_1 - x_2)$$
$$\frac{d^2x_2}{dt^2} = -\omega^2(-x_1 + 2x_2)$$

となる．ここで $X = (x_1, x_2)$, $A = \begin{pmatrix} 2 & -1 \\ -1 & 2 \end{pmatrix}$ とすると

$$\frac{d^2X}{dt^2} = -\omega^2\begin{pmatrix} 2 & -1 \\ -1 & 2 \end{pmatrix}X$$
$$= -\omega^2 AX$$

■第7章

7.1 (a) A, B いずれの場合も 1/2 である．
 (b) 粒子が2個の場合，起こり得る事象は，（ⅰ）2個ともA，（ⅱ）n_1 がA，n_2 がB，（ⅲ）n_1 がB，n_2 がA，そして（ⅳ）2個ともBの4通りである．これらはいずれも等確率なので，それぞれが 1/4 になる．ただし，(ⅱ)，(ⅲ) の場合，粒子の個数配分としては同じなので，1個がA，1個がBに存在する確率は 1/4+1/4=1/2 となる．

7.2 $N = 2$ の場合

$$\text{左辺} \quad 2! = 2 \times 1 = 2$$
$$\text{右辺} \quad \sqrt{2 \times 2\pi} \times 2^2 \times e^{-2} \simeq 1.919$$

誤差は約 4 %．

　$N = 10$ の場合
$$\text{左辺} \quad 10! = 10 \times 9 \times 8 \times \cdots \times 2 \times 1 = 3.629 \times 10^6$$
$$\text{右辺} \quad \sqrt{10 \times 2\pi} \times 10^{10} \times e^{-10} \simeq 3.599 \times 10^6$$

誤差は約 1 %．

　物理学において，式 (7.44) は膨大な数の場合に使われるので，"近似度" が極めて高いことが実感できることであろう．

7.3 式 (7.9) に $n = 10$, $r = 2$ を代入する．
$$_{10}C_2 = \frac{10!}{(10-2)!\,2!} = 45 \text{ 種}$$

7.4 式 (7.49) の応用問題である．

左側に n 個入る確率を $P(n)$ とすれば，

$$P(n) = \frac{N!}{n!(N-n)!} p^n q^{N-n} \tag{7.49}$$

参考図書

　数学の教科書はたくさんあるが，以下に，数学に興味を持ち，親しみ，さらに基礎を学ぶ上で有益と思われる書を発行年順に掲げておく．これらは，本書執筆に当たり，筆者自身が参考にさせていただいた書でもある．この場を借りて，各書の著者，訳者，発行者の方々に，心からの感謝の気持を申し述べさせていただく．

1) 吉田洋一『零の発見』(岩波新書，1939)
2) 武隈良一『数学史』(培風館，1959)
3) F. ライフ (久保亮五監訳)『統計物理 (上) (下)』(丸善，1970)
4) 吉田光由 (大矢真一校注)『塵劫記』(岩波文庫，1977)
5) 志賀浩二『数学が生まれる物語 第1週～第6週』(岩波書店，1992)
6) 林　隆夫『インドの数学』(中公新書，1993)
7) 吉田　武『オイラーの贈物』(海鳴社，1993)
8) エミール・ノエル (辻　雄一訳)『数学の夜明け』(森北出版，1997)
9) E. T. ベル (田中　勇，銀林　浩訳)『数学をつくった人びと (上) (下)』(東京図書，1997)
10) E. マオール (伊理由美訳)『不思議な数 e の物語』(岩波書店，1999)
11) 伊達宗行『「数」の日本史』(日本経済新聞社，2002)

索　引

■人　名

アイゼンロール　15
アインシュタイン　51, 53, 207
アショーカ王　18
アーベル　87
アルキメデス　28
ウェストフォール　64
エルミート　88

ガウス　161
加藤範夫　119
ガリレイ(ガリレオ)　i, 1, 41
ガロア　87
吉備真備　44
空海　34, 44
クリヴェリ　42
クレルレ　88
ケイリー　185
ケプラー　63
コーシー　88

最澄　44
シュレーディンガー　207
シルベスター　186

デカルト　41, 46, 53, 57, 60, 62, 63, 65, 129, 218
デューラー　43
寺田寅彦　2
ド・ブロイ　207

中谷宇吉郎　2, 13, 31
ニュートン　i, 6, 41, 47, 53, 57, 62, 63, 65, 67, 95, 128, 129
ネイピア　85

ハイゼンベルク　14, 186, 189

パスカル　189, 218
ピタゴラス　16, 38
ピロラオス　16
ファラデイ　72, 155, 162
フェルミ　174
プランク　207
ブルネレスキ　43
ベーコン　41, 57
ヘラクレイトス　39
ヘロドトス　39
ポアッソン　88
ポアンカレ　174
ホイヘンス　28, 129
ボルツマン　87

マックスウェル　72, 155, 161
マーフィ　ii
村松茂清　28

ユークリッド　60
吉田光由　19
吉田洋一　19

ライプニッツ　95, 128, 186
ラプラス　161, 189, 218
リンド　15

■あ　行

アショーカ王碑文　18
アッチカ記号　17
アーベル関数　88
アボガドロ数　84, 189
アラビア数字　18
アルファベット記号　17
アンペールの法則　144, 156, 160, 161

位相角　114, 116
位相空間　47, 53, 63
位置　116

1次関数　66
1次方程式　163
位置ベクトル　145
一価関数　60
移動距離　92, 93, 128
インド-アラビア数字　18
インド記数法　17
引力　6, 23

渦　159
『吽字義』　34
運動　129
　　──の軌跡　95
運動曲線　60, 94, 98
運動距離　97
運動速度　97
運動方程式　127, 146, 176
運動量　54, 143, 145

エジプト　14, 15
x 座標　47
X線回折　118, 137
『X線回折と構造評価』　119
x-y 座標平面　47
x-y-z 座標空間　47
n 階微分　123
n 次関数　100
エネルギー　74, 86, 129, 143
エネルギー曲線　100
エネルギー準位　193
$m \times n$ 行列　167
エルゴードの仮説　196
エルゴード問題　196
エルミート演算子　185
エレクトロニクス文明　175
円運動　81
遠近法　42, 46
演算子　147
円周率　28
遠心力　52
円錐曲線　68

索 引

エントロピー 87, 120

オイラーの公式 114, 117, 178
応用科学 14
大きさ 3
温度 121

■か 行

解 164
階乗計算 194
外積 144
解析幾何学 60, 62
回折 118
回折波 118
回折波動 138
回転 152
回転運動 81, 106, 113, 170
回転角 49
回転成分 153
回転力 154
界面エネルギー 74
ガウスの定理 157
ガウスの法則 73, 142, 156, 157
ガウス分布 212
科学 13
科学と数学 2
『科学の方法』 2
角運動量 143, 145, 146
角速度 49
確率 185, 189, 190, 210
確率解釈 208
確率関数 212
確率振幅 204, 205
確率的存在 203
確率の波 203, 206
確率変数 200
確率密度 200
重ね合わせの原理 117, 205
仮数 33
加速度 10, 11
加速度運動 93
形 3
傾き 67, 99
加法定理 82, 198
ガリレオの相対性 136
ガリレオ変換 51
カール 152

関係式 9
干渉 182
干渉縞 183
関数 41, 59, 61
関数形 122
観測値 184
観測問題 208

機械論的自然観 57
幾何学 17, 60
技術 2, 13
基準ベクトル 135
軌跡 57
期待値 200
気体の状態方程式 75
気体分子 75
基底空間 181
逆演算 103
逆行列 168
逆三角関数 80
級数論 88
級数和 96
行 166
共役複素数 184
強磁性体 79
強誘電体 79
行列 165, 185
——の対角化 172
行列計算 166, 170
行列式 165, 185
行列表示 165
行列要素 166
行列力学 186
極限 95, 98
極座標 46, 48
曲線の傾き 123
極大点 103
巨視的世界 36
虚数 32
虚数単位 32
虚数部分 33
虚部 33
距離 139
ギリシア 16
近似値 29
近代科学 57

空位 18
空の思想 19

空の論理 19
空論的自然科学 34
楔形文字 15
組み合わせ 192
位取り 18
グラディエント 147
グラフ 59
クラメルの公式 169
クーロンの法則 22, 71, 148
クーロン力 72, 104

計算数字 19
結晶格子 175
ケプラーの第2法則 143
現実気体 78

工学 13
交換法則 168
工業技術 2
格子振動 175
合成波 118
合成波動 137
構造因子 119
光速 162
勾配 147, 152
交流 33
誤差 123
コサイン 80, 106
古典物理学 36
固有関数 184
固有値 172, 178, 180, 184
固有ベクトル 172, 178, 180, 184
固有方程式 180
コリオリ力 52

■さ 行

最小変化量 215
サイン 80, 106
座標 44, 46
座標空間 47
座標群 57
座標系 46
座標原点 47
座標平面 34, 47
座標変換 50, 81, 170, 172
——の式 51
三角関数 52, 80, 82, 105, 113
——の微分 108

索　引　　　　　　　　　　　　　　　　*229*

産業革命　58
3次関数　73
3次元ベクトル　134
3次方程式　77, 103
算用数字　17

時間　63, 92, 116
時間軸　53
時間と位置　53
時間微分　146
しきい値　75
磁気エネルギー　108
色彩遠近法　43
磁気分極　108, 141
磁気ポテンシャル　78
磁気モーメント　78
時空　52
仕事　104, 139
事象　190
指数　34, 35, 83
指数関数　83, 86, 111, 113, 116, 120, 179
　――の導関数　120
指数法則　36, 84
自然科学　2, 14, 219
自然現象と数式　3
自然支配の理念　57
自然数　21
自然対数　37
自然対数関数　119
　――の導関数　119
磁束密度　156, 161
実証的自然科学　34
10進法　15, 19, 84
実数　26, 32
実数部分　33
質点　9
実部　33
質量　11
磁場　108, 141, 159
自発磁化　79
尺度　1
斜交座標　46
写実主義　43
自由エネルギー　122
周期　49
周期的運動　80
集合　196
12進法　20

自由落下　4, 11, 70
自由落下時間　66
重力　8
　――の加速度　12
重力場　9
シュメール人　15
瞬間　63, 96, 100
循環小数　27
純虚数　33
順列　191
象形文字　15
象限　47
消失遠近法　43
小数　25
小数点　26
状態　86
状態数　86, 120, 209
衝突　6
条坊　44, 45
乗法定理　199
常用対数　37
磁力線　6, 133
『塵劫記』　19, 39
真数　37
振動　80, 105
振動子　208
振動数　116
振動成分　116

数　3, 14
　――の概念　15
　――の種類　20
数学　2, 3, 16, 219
数式　41
数直線　22, 92
スカラー　131, 132
スカラー関数　147
スカラー積　140, 142, 146, 150, 152, 157
スカラー量　132, 152
図形の数量化　56
スターリングの公式　209
ストークスの定理　159
スピノール　161

正規分布　213
整級数式　64
整級数展開　64
正弦関数　80, 106

正弦公式　83
静止　65
整数　21
正接関数　80, 109
静電エネルギー　105
静電場　69
静電ポテンシャル　69, 148
精度　28, 94
正の整数　22
正方行列　167
積集合　198
析出　74
析出核　74
積分　97
積分記号　97, 129
積分定数　128
積分法　95
斥力　23
接線　68
　――の傾き　94, 99, 124
絶対温度　121
絶対時間　67
ゼロ　18
『零の発見』　19
線遠近法　42
線形代数　163, 172, 185
全事象　196
全体集合　196
線分　56

双曲線　68, 75
双曲線関数　68, 80
相対度数　195
相転移　79
速度　10, 54, 99
速度ベクトル　136
存在確率密度分布　204

■た　行

対称行列　179
帯小数　26
対数　34, 37
代数学　17
対数関数　83, 86, 119
　――の微分　120
大数の法則　195
代数方程式　88
ダイバージェンス　150, 162
ダイバージェント　150

楕円関数論　88
多価関数　60
多項式　64
単位　1, 3
単位行列　180
単位時間　94
単位ベクトル　135
単位胞　118
タンジェント　80, 109

力　6, 8, 129, 139
　──のモーメント　147
長安　44
直交座標　46
直流　33
直角三角形　30

底　36, 83
定在波　118
定数　218
テイラー展開　121, 212
デカルト座標　41, 46, 53
デルタ　151
電圧　105
電位　69, 128, 148
電荷　23, 104, 141, 156
展開式　102
電荷密度　156
電荷量　22
電気力線　6, 23, 72, 156
電気力線密度　141
電気力　23
電磁気学　155, 162
電子スピン　161, 209
電子線回折　118
電磁波　156, 162, 181
テンソル　161
転置行列　179
点電荷　69
電場　72, 104, 128, 148, 156
電流　159

導関数　102
統計　189
統計的確率　195
統計熱力学　119
統計力学　86, 189, 209
等時間間隔　94
等式　9

等速度運動　10, 93
特性方程式　180
独立試行　195
独立事象　197
独立変数　124

■な 行

内積　140
長岡京　44
ナブラ　147
波の収縮　208

2×2行列　167
2階微分　177
2次関数　69, 79, 99
2次元ベクトル　134
2進法　19, 84
2変数関数　164

熱力学的重率　87
熱量　121

■は 行

場　9, 72
場合の数　190
ハイパボリック・コサイン　68
ハイパボリック・サイン　68
波数　116
波束の収縮　206
波長　116
発散　73, 148, 152
波動　80, 105
波動運動　106, 113
波動関数　182, 184, 186, 205
　──の収縮　206
波動性　181, 203, 208
バネの運動　126
バビロニア　14, 15
ハミルトンの演算子　148
速さ　10, 54
反射　118
『パンセ』　218
反対称行列　179
万有引力定数　8
万有引力の法則　6, 23, 71

光　156, 181
飛行曲線　60

微視的世界　36
微小移動距離　95
微小距離　94
微小変化　215
ピタゴラス学派　16, 30, 38
ピタゴラス・トリプル　30
ピタゴラスの定理　16, 30, 38
微分　95, 97, 100, 124
微分演算　114
微分演算子　129
微分係数　101
微分積分　62
微分積分学　129
微分法　92
微分方程式　100, 101, 126, 127
標準偏差　202, 203

ファラデイの法則　156
不確定性原理　189, 205
複素数　33, 137
複素数軸　114
複素数平面　34
物質波　181
物体の落下　3
物理量　131
不定積分　104
負の整数　22
部分集合　196
不変式論　186
プラスの整数　22
ブラーフミー数字　18
プランク定数　181
振り子　179
分割　93
　──の思考　94
分散　202
分子間引力　78
分子集団　86
分数　25

平均速度　92, 93
平均値　201
平行座標　46
平衡状態　100
平城京　44
平方根　29
べき指数　83
ベクトル　131, 134, 152

索　引　231

——の演算　136
——の回転　153
——の成分　134
——の倍変換　139
——の微分　145
ベクトル演算　155
ベクトル演算子　148, 152
ベクトル解析　161
ベクトル積　144, 145, 146, 158
ベクトル量　132, 139
変化　65
偏差値　203
変数　59, 61, 124
偏微分　123
偏微分係数　124, 147
変分法　216

ポアッソン分布　214
ホイヘンスの原理　182
法線ベクトル　158
『方程式の代数的解法』　88
放物運動　93
放物線　71
保存則　143
ボルツマン因子　218
ボルツマン定数　87, 218
ボルツマンの関係式　87
ボルツマン分布　215, 218

■ま　行

マイナスの整数　22
マクロ世界　36, 181
マックスウェルの方程式　155, 161, 162

ミクロ世界　36, 181, 189

密度　77

無限小数　27
無比数　30, 31
無理数　29, 31

メゾスコピック世界　36
メソポタミア　15
面積　97
面積速度一定の法則　143
面積ベクトル　157

モナド　129
物指し　1

■や　行

有限小数　27
有効数字　28
湧出量　150
誘電性　80
有比数　30
有理数　29

余弦関数　80, 106
余弦公式　83
4次関数　79
4次元時空間　51
余事象　196

■ら　行

ラグランジュの微分記号　111
ラグランジュの未定係数法　217
ラジアン　81
落下　6
落下運動　96, 99

落下距離　4, 99
落下時間　4, 99
落下速度　11, 66, 70, 96
ラプラシアン　151
ラプラスの演算子　151
ラプラスの方程式　151

力線　6
——の面密度　7
離散的　200
理想気体の状態方程式　68, 125
粒子性　181, 203, 208
量　3, 8
量子　208
量子数　209
量子物理学　36
量子力学　129, 181, 184, 186
量子論的粒子　181, 183, 203
リンド・パピルス　15

ルート　29

列　166
連成振り子　174, 175, 179
連続事象　191
連立方程式　164, 165, 169, 173, 180

60進法　15, 20
ローテーション　152, 162
ローレンツ変換　51

■わ　行

y座標　47
和事象　198
和集合　198

著者略歴

志村史夫（しむら・ふみお）
- 1948年　東京・駒込に生まれる
- 1974年　名古屋工業大学大学院修士課程修了（無機材料工学）
- 1982年　工学博士（名古屋大学・応用物理）
- 現　在　静岡理工科大学教授，ノースカロライナ州立大学併任教授

小林久理眞（こばやし・くりま）
- 1952年　北海道に生まれる
- 1982年　東京工業大学総合理工学研究科材料科学専攻
　　　　　博士課程修了
- 現　在　静岡理工科大学理工学部物質科学科教授
　　　　　工学博士

〈したしむ物理工学〉

したしむ物理数学

定価はカバーに表示

2003年2月10日　初版第1刷
2008年12月25日　　　第2刷

著　者　志　村　史　夫
　　　　小　林　久　理　眞
発行者　朝　倉　邦　造
発行所　株式会社　朝倉書店

東京都新宿区新小川町6-29
郵便番号　162-8707
電　話　03（3260）0141
FAX　03（3260）0180
http://www.asakura.co.jp

〈検印省略〉

© 2003〈無断複写・転載を禁ず〉

教文堂・渡辺製本

ISBN 978-4-254-22768-0　C3355

Printed in Japan

最新刊の事典・辞典・ハンドブック

元素大百科事典	渡辺 正 監訳	B5判 712頁
火山の事典（第2版）	下鶴大輔ほか3氏 編	B5判 584頁
津波の事典	首藤伸夫ほか4氏 編	A5判 368頁
酵素ハンドブック（第3版）	八木達彦ほか5氏 編	B5判 1008頁
タンパク質の事典	猪飼 篤ほか5氏 編	B5判 1000頁
時間生物学事典	石田直理雄ほか1氏 編	A5判 340頁
微生物の事典	渡邉 信ほか5氏 編	B5判 700頁
環境化学の事典	指宿堯嗣ほか2氏 編	A5判 468頁
環境と健康の事典	牧野国義ほか4氏 著	A5判 576頁
ガラスの百科事典	作花済夫ほか7氏 編	A5判 696頁
実験力学ハンドブック	日本実験力学会 編	B5判 660頁
材料の振動減衰能データブック	日本学術振興会第133委員会 編	B5判 320頁
高分子分析ハンドブック	日本分析化学会高分子分析研究懇談会 編	B5判 1264頁
地盤環境工学ハンドブック	嘉門雅史ほか2氏 編	B5判 584頁
サプライ・チェイン最適化ハンドブック	久保幹雄 著	A5判 520頁
口と歯の事典	高戸 毅ほか7氏 編	B5判 436頁
皮膚の事典	溝口昌子ほか6氏 編	B5判 388頁
からだの年齢事典	鈴木隆雄ほか1氏 編	B5判 528頁
看護・介護・福祉の百科事典	糸川嘉則 総編集	A5判 676頁
食品技術総合事典	食品総合研究所 編	B5判 612頁
日本の伝統食品事典	日本伝統食品研究会 編	A5判 648頁
森林・林業実務必携	東京農工大学農学部編集委員会 編	B6判 464頁

価格・概要等は小社ホームページをご覧ください．